掩体壕(えんたいごう)を残すまちから

宇佐海軍航空隊を訪ねて

平田崇英
Hirata Soei

梓書院

掩体壕を残すまちから

——宇佐海軍航空隊を訪ねて——

平田崇英

はじめに
―戦争を知らない子供たち第1世代から―

フォークソングの『戦争を知らない子供たち』を聞いた時の衝撃は、50年経った今もよく覚えています。「私たちは戦争を知らない子供たちだったのだ」と、改めて確認した気持ちでした。昭和23（1948）年生まれの私は、団塊の世代のまん中で、戦争を知らない子供たちの第1世代といえます。

子供の頃は、周りのほとんどの大人は戦争体験者でした。何かにつけて戦争の話が出て、聞くともなしに聞いていました。大学を出て宇佐に帰り、地域づくりの勉強会「豊の国宇佐市塾」の活動で宇佐海軍航空隊に出会いました。その歴史や遺構を訪ねてみると、今はのどかな田園風景の宇佐も戦争中には宇佐海軍航空隊があり、神風特別攻撃隊が出撃して154人もの人が亡くなったことや、度重(たび)なる空襲で多くの人が亡くなったことを知りました。「私のまちも戦場だった」のです。

戦後77年、戦争体験者の方はほとんどいなくなりました。これからは私たち戦争を知らない子供たち第1世代が、第2、第3世代へと語り伝えていく時代に入ったのだと思います。宇佐は多くの戦争遺構が残る、いわゆる「掩体壕の残るまち」です。しかし戦争の歴史も風化が進み体験者がいなくなる中で、これからは掩体壕などの「物」に語ってもらうことが必要となることでしょう。その語り部としての「物」を保存していくことが大切です。「掩体壕の残るまち」から、「掩体壕を残すまち」へ、です。

宇佐市は今も、戦争遺構の保存に積極的に取り組んでいます。このような市町村は、全国的に見ても少ないでしょう。宇佐海軍航空隊の歴史と遺構を通して、戦争を知らない子供第2世代、第3世代が、戦争の現実と平和の大切さを学んでくれることを願っています。

この稿は、宇佐航空隊の歴史や遺構を訪ねた記録です。私のきわめて個人的な歩みですが、これが第2世代、第3世代への橋渡しになってくれたらと願っています。

目次

5 保存と伝唱 …… 203

1 宇佐海軍航空隊との出会い

掩体壕の残るまち

はじめて宇佐を訪れた人からは、必ず「あの小山のようなものはなんですか」と聞かれます。「あれは掩体壕といって、戦時中にアメリカ軍の空襲から日本の飛行機を護るための、飛行機の防空壕のようなものです」と答えると、「どうして宇佐にそんなものがあるのですか」と質問が返ってきます。宇佐には昭和14（1939）年に海軍の飛行場が作られ、ここで訓練した人が真珠湾攻撃に参加したことや、飛行場があったためにアメリカ軍の空襲をたびたび受けて、500人程の人が亡くなったと思われることや、宇佐航空隊からも神風特別攻撃隊が出撃し154人もの人が亡くなったことなどお話しします。

現在では「掩体壕」という言葉を知る人は、宇佐以外では少ないでしょう。辞書の『広辞苑』にも、掩体壕の言葉は載っていません。しかし言葉を失うことは、その言葉で表す物や、それに伴う歴史を失うことになります。「掩体壕」の言葉がなくなると、掩体壕の姿をイメージすることもできなくなります。終戦から時を経て、宇佐航空隊での出来事も次第に風化が進んできました。しかし、いつまでも忘れてはならないこともあると思いま

城井地区の掩体壕群

す。かつては宇佐にあった海軍航空隊の歴史や出来事を通して、戦争の歴史を学び、平和の大切さを考えることは、大切なことだと思います。

「掩体壕は、どうして地下に作らなかったのですか」と、城井一号掩体壕で航空隊の説明をしている時に、小学校6年生の女子から質問されたことがありました。確かに地下に作った方がアメリカ軍の飛行機からは発見されにくく、空襲から飛行機を護るという掩体壕の役目にもかなっています。千葉県の木更津市や館山市、東京都の調布市などにある掩体壕は半地下式で、地上部分の大きさは実際の高さの半分程にしか見えません。「地下に入れた方が発見されにくくてよいのだけれど、工事も大変だし、雨が降ると排水も大変なので、宇佐では地上に作ったのでしょう」と答えました。

宇佐にはコンクリート製の掩体壕が10基残っています。その内の9基は、ゼロ戦や艦上爆撃機、艦上攻撃機用のいわゆる小型の掩体壕ですが、森山地区にある1基だけは一式陸上攻撃機など中型機を入れていたもので、中型掩体壕と呼ばれています。中型掩体壕があると大型がありそうですが、実は大型機は太平洋戦争では実戦配備されていないので、大型掩体壕はありません。中型が日本で最大の掩体壕ということになります。中でも森山地区にある中型掩体壕は半地下式ではないので、地上に掩体壕が全て出ています。木更津市にある一式陸上攻撃機の掩体壕は半地下式なので、地上部分は小さく見えます。地上部分だけでいうと、現在知る限りでは、宇佐航空隊の掩体壕が日本で最大の掩体壕といえるでしょう。この掩体壕は高さ9メートル、幅43メートル、奥行23メートルもあります。小学校の体育館2つ分くらいある大きさで、中に入るとその大きさに驚かされます。

宇佐航空隊にはコンクリート製で屋根のある「有蓋掩体壕」の他に、一式陸上攻撃機などを入れた屋根のない掩体壕「無蓋掩体壕」が47基以上もありました。これはコの字型に土を盛って作られたもので、中型機用の大きなものは41基あり、横幅40メートル、奥行きは25メートル程もありました。この掩体壕の土を盛るために、多くの人が勤労動員で宇佐に来て、掩体壕を作りました。「モッコをかついで土を運んだ」「昼はコウリャンのおにぎりをもらった」など、この奉仕の体験者の方はたくさんいました。しかしこの無蓋掩体壕は土で作られていたために、戦後は壊して畑などに戻しました。完全ではありませんが、形が推測できるものは、上乙女地区に1基だけ残っています。

また、この場所から100メートルほど離れた無蓋掩体壕では、昭和20（1945）年5月6日、爆撃から帰った一式陸上攻撃機を掩体壕に収納しようとした折に、残っていた60キロ爆弾が落下して爆発しました。この事故で搭乗員8名と整備兵17名が亡くなりました。後に、同じ宇佐航空隊で整備にいた中村貞一さん（少尉）に頼まれて、その掩体壕のあったと思われるところで読経したことを思い出します。暑い日でした。

「掩体壕」という言葉は、その役割や歴史を含めて、私たちに戦争中のことを教えてくれます。

宇佐航空隊との最初の出会い

私と航空隊との最初の出会いは、小学校時代にさかのぼります。小学校への通学路の途中に、大きな掩体壕がありました。今でいう中型掩体壕ですが、その頃は知るよしもありません。でも学校帰りに友だちとその上に登ったりして、よく遊んでいました。その頃は掩体壕の中に家を作り住んでいた人がいたので、上で騒いでいるとよく怒られたものでした。今考えると小学生が掩体壕の上から落ちたら危ないということだったのだと思いますが、当時はそんなことは考えず、おじさんの留守を狙って掩体壕の上に登っていました。

掩体壕の上からの見晴らしは素晴らしく、宇佐平野の広さを感じることができました。子ども心にも、素晴らしい景色だと思ったものです。もっとも大きな掩体壕ですから、足でも踏み外したら大変なことになっていたでしょうが、当時ここから落ちて大怪我をしたという話は聞きませんでした。そんなわけでよくここに登り、よく怒られていたものです。

また近くに、「桜公園」と呼んでいた場所がありました。道路の両側がコンクリート舗

森山地区の中型掩体壕

装で、中央がグリーンベルトで桜の木が植えてありました。「ここは航空隊の滑走路だった」といわれていたところで、東から西に向かって緩やかな坂道になっていました。当時子どもたちの間では、ここから飛行機が飛び立っていたのだと、皆で話していたのを思い出します。しかし実際は飛行機を移動させる誘導路だったので、どうして小学生がここを滑走路跡と思っていたのか、今となっては不思議でなりません。

また、「爆弾池」と呼んでいた、大きな池がたくさんありました。アメリカ軍の爆弾でできた池だといわれていて、大きいものは、小学校のプールぐらいの大きさもありました。この池の中には、どこから入ったのか魚もいました。「深いので泳いだりしないように」と注意されていましたが、全く泳げない私はもちろん入ったことはありません。他にも防空壕跡の中で遊んだり、戦争の跡が多く残ったふるさとで小学校時代を過ごしました。6年間通った母校八幡小学校の校舎も、半分は空襲で壊れたとのことで新しく、残りの半分は古いままでした。「どうしてアメリカ軍は半分だけ壊したのだろう、全部壊してくれていたら、みんな新しい校舎に入れたのに」、と古い校舎に入っていた低学年の頃は話していました。

また当時は機銃の弾なども、多く捨てられて残っていました。これを取りに行って火薬を取り出し、ロケットのように飛ばしたりする子がいました。その火薬を取り出す折に爆発して怪我をした人もいたということで、主に男子ですが小学校では定期的に持ち物検査が行われていました。海岸に捨てられていた火薬や機銃弾などを拾って、ポケットに持っている子が多かったのです。それを先生が持ち物検査で集めて、火薬などは校庭の隅で焼却していました。

当時子どもの間で人気があったのは、飛行機の風防ガラスの破片でした。コンクリートの上などで擦ると、甘い菓子のような匂いがするのです。それで「匂いガラス」といって、ほとんどの男子はこれを持っていました。私も誰からもらったか思い出せないのですが、数個持っていて大切にしていました。今となってはどこにいったか分かりませんが、皆が小さいながら数個持っていたということは、相当多くの飛行機のガラスがあったのでしょう。

当時、小学校の男性教師はほとんど軍隊帰りの先生で結構、昔ながらの教育でした。例えば運動会での紅白対抗の応援歌も、今になって振り返ると全て軍歌の替え歌といった具合でした。学校現場も含めて、戦争の跡の多く残るふるさとで小学校時代を過ごしたのですが、中学、高校、大学と進むにつれて、航空隊のことは少し気にはなっていても、自分から調べたりすることはありませんでした。ただ大人から航空隊があったことや、空襲が大変だったことなどを断片的に聞いていただけでした。そして昭和45（1970）年からの宇佐市の大規模圃場整備事業で、ほとんどの爆弾池なども埋められ、戦争を物語る物といえば、コンクリートの掩体壕を残すだけとなり、私の周りの風景は宇佐航空隊のできる前の、のどかな田園風景に戻ったのでした。その後、私が宇佐航空隊と再会することになるのは、地域づくりグループ、豊の国宇佐市塾に加わってからのことになります。

豊の国宇佐市塾とその活動

昭和48（1973）年に、龍谷大学とその後の研修所を経て、郷里の寺に帰り、境内に隣接した教徳保育園に勤務していました。昭和60（1985）年、私が36歳の折に、当時大分県知事だった平松守彦さんの提唱した「豊の国づくり塾」に出会いました。この地域づくり活動との出会いが、宇佐航空隊と再会するご縁になりました。ここで航空隊から少し横道にそれますが、豊の国づくり塾とその後の豊の国宇佐市塾の活動が、どういう経過で航空隊について取り組むことになったかを書いておきたいと思います。

当時の平松守彦大分県知事は、「一つの村に、世界に誇れる一つの特産品を作ろう」という、「一村一品運動」で全国に名前を知られていました。しかし平松県知事は、この運動を単に特産品を作る「物づくり運動」ではないと考えていました。よい物を作るには、そのよい物を作る人が必要だ。その作る人こそが大切、ということで、「物づくりの旗印を掲げ、素晴らしい物を作る人材の育成をする」というのが、一村一品の本当の狙いだと話されていました。

大分県豊の国づくり塾　昭和60年9月

しかし、マスコミでは特産品の売り上げがどれだけ伸びたかなど、物作りに特化して報道されていました。そこで、別に人作りとしての学習の場を作り、知事が塾長となって人材育成に取り組むことになったのです。これが「豊の国づくり塾」の始まりでした。

昭和60年4月、私は豊の国づくり宇佐塾の募集記事がたまたま「広報うさ」に出ていたのを見て入塾しました。これが、私の地域づくり活動との初めての出会いでした。縁とは不思議なものです。塾生募集の記事を見て、内容を聞こうと宇佐市の担当者を訪ねたら、担当者が隣寺の藤沢密磨さんでした。そんなご縁もあって、入塾することになりました。

豊の国づくり宇佐塾は、大分県下の12県事務所単位に作られた地域づくりの勉強会の一つです。昭和60（1985）年4月から2年間、毎月1回、県の宇佐事務所に集まり、いろいろな方のお話を聞かせてもらいました。また合同塾といって、幾つかの塾が集まっての研修などもあり、地域づくりという言葉も知らなかった私には、とても刺激的な研修会でした。

この豊の国づくり宇佐塾で2年間の研修を終えた宇佐市のメンバー有志が、「このまま別れるのは惜しい」と、昭和62（1987）年9月に宇佐市での勉強会「豊の国宇佐市塾」を開塾しました。

活動のキーワードは「国際化」。当時、すでに国際化の必要性が盛んに説かれていました。中でも、当時は英語の勉強や外国へ出かけての研修、外国の方に来てもらい交流するホームステイが、三種の神器のようにいわれていました。しかし、英語ができて外国の歴史や文化に詳しくても、自分の足元も知らないようでは根無し草になってしまいます。それでは国際人とはいえないだろうということで、活動のテーマは「宇佐細見」としました。

これは塾生の山内英生さんの提案でした。松尾芭蕉の句「よく見れば薺（なずな）花（はな）さく垣根かな」のように、なにげない風景もよく目をこらすと、なずな（ぺんぺん草）にも花が咲いていることが分かる。気づく目があれば、どこにでも花を見出すことができるはずとのことで

宇佐市にゆかりのある人物５人の本

宇佐航空隊の世界Ｉ～Ｖ

した。宇佐も普段はどこにでもある農村ですが、目をこらすと歴史や文化、人物とさまざまな花が、百花繚乱咲き乱れています。地域づくりの原点ともいえる郷土愛も、まずはふるさとを知ることから始まるといえるでしょう。当時、流行っていた言葉でいえば「アイデンティティー」といったイメージでした。

その活動は極めてオーソドックスで、地域のよい点、悪い点を探すことから始めました。何もないところだと思って最初は悪い点ばかりが目についていた宇佐にも、全国に誇れるような人物が多数出ていることが、次第に分かってきました。このような人たちをぜひ多くの人に紹介しようと、昭和63（1988）年3月にシンポジウム「宇佐細見―人物編―」を開きました。作家・横光利一、横綱・双葉山、漫画家・麻生豊、作曲家・清瀬保二、水路技術者・南一郎平の5人を選び、その業績や人となりを紹介したのです。この催しは大きな反響があり、その夜「夜なべ談義」と称する反省会の席で、酒の勢いもあり衆議一決「人物の紹介本を作ろう」ということになりました。この出版の話がその後宇佐市塾活動の大きな柱になっていくとは、その時は誰も思ってもみませんでした。

昭和63年10月、宇佐細見「横光利一の世界」を開催し、宇佐細見読本①『横光利一の世界』を出版しました。催しでは横光研究の第一人者、井上謙日大教授の講演や、地元の劇団「うさ戯小屋」による横光の戯曲「幸福を計る機械」の上演、写真と遺品等の資料展を開きました。

この催しは、横光と宇佐との関係を知ってもらうよい機縁となりました。秋の光岡城と横光利一の祭り「秋光祭」を開催し、平成5（1993）年には横光利一の愛弟子で芥川賞作家の森敦さん揮毫の「横光利一文学碑」も建立しました。平成11（1999）年横光利一生誕100年記念として「横光利一俳句大会」も始まり、これは全ての都道府県から投句があり、横光顕彰活動の柱の一つになっています。平成13（2001）年には、横光家旧蔵資料を宇佐市が購入しました。横光利一資料の収蔵では、宇佐市民図書館が全国でもトップクラスとなっています。平成15（2003）年には宇佐細見読本⑩『横光利一の世界Ⅱ』を出版、市民図書館では毎月「『旅愁』を読む会」が開かれるなど、着実に宇佐に横光利一が根付いていきました。

69連勝で知られる横綱双葉山は、平成元（1989）年に「双葉山の世界」を開催し、宇佐細見読本②『双葉山の世界』を出版しました。催しでは後継者の時津風勝男親方や日本体育大学塔尾武夫先生の講演、日本相撲協会から双葉山の遺品を借りての「双葉山資料展」等を開催し、生家の復元、資料館の建設、白鵬を迎えての「超60連勝力士碑」の建立などにつながっていきました。

平成3（1991）年には、日本での新聞の4コマ漫画の創始者として知られる漫画家「麻生豊の世界」を開催しました。『ノンキナトウサン』『赤ちゃん閣下』『只野凡児　人生勉強』など、多くの漫画を新聞に連載した、日本の漫画史上でも重要な一人です。

平成6（1994）年の水路技術者南一郎平では、記念講演で「雨が降っていないのに、川に水が流れているのを不思議と思わないか」と言われた富山和子先生の言葉がとても印象に残りました。南一郎平は大変な苦労の末、宇佐の東岸台地を潤す広瀬井路を完成させ、その技術を請われて明治の三大疎水ともいわれている栃木県那須疎水、福島県安積疎水、京都府に琵琶湖の水を引いた琵琶湖疎水の工事に全て関わっています。それは「疎水の父」と呼ぶにふさわしい活動です。先人の苦労を知ると共に、水の大切さを考えるよい機会になりました。

平成9（1997）年に取り組んだ清瀬保二は、福井謙一博士がノーベル賞受賞の折に演奏された『日本祭礼舞曲』を作曲した作曲家です。ノーベル賞授賞式で演奏された日本人作曲家は、これまで清瀬保二1人だけです。民族派の音詩人といわれるように、独自の音楽をほとんど独学で追究しました。生家の近くの音の調べ通りには、記念碑と清瀬の曲が流れるモニュメントがあります。平成12（2000）年の清瀬保二生誕100年記念の催しに併せた「九電ふれあいコンサート」では、九州交響楽団により宇佐市で初めて『日本祭礼舞曲』が演奏されました。

この5人の人物と並行しながら、豊の国宇佐市塾では「宇佐海軍航空隊」について平成元年より取り組みを始めました。

一枚の写真と出会って

昭和62（1987）年に始まった地域づくりのグループ豊の国宇佐市塾では、最初、宇佐にゆかりの人物、作家の横光利一や横綱双葉山に取り組んできました。しかし、開塾当初より宇佐海軍航空隊についても取り組みをしたいと話していました。ただ実際問題として、どこから取り組んでよいのか、資料等はどこにあるのか、戦争の歴史等に詳しいメンバーもおらず、皆目見当がつかないような状態でした。その頃、私たちの手に入る宇佐航空隊に関する資料は、地元の2人の方の著書だけでした。それは、今戸公徳さんの『僕の町も戦場だった』と、是恒義人さんの『畑田空襲の記録』でした。また、阿川弘之さんの小説『雲の墓標』も、宇佐航空隊を舞台に書かれたものでした。これらを読みながら手がかりを探していたのですが、どう取り組んでよいのか分からないのが実状でした。

　その折、宇佐市役所で宇佐市塾の担当だった藤沢密磨さんから、「国土地理院に戦後の航空写真があるようですが、宇佐の分を取ってみましょうか」との話がありました。どんな写真か分かりませんでしたが、とりあえず取り寄せてみると、なんとその写真には宇佐航空隊の基地のほぼ全景が写っていました。昭和23（1948）年3月にアメリカ軍が撮影したものですが、その写真には、まだ滑走路や格納庫、庁舎などの跡が写っていました。また、B29のものと思われる空襲でできた爆弾の穴も多数写っています。これを最初に見た時は、とても興奮しました。恐らく宇佐市で宇佐航空隊の全景写真を見ることができたのは、戦後初めてのことだったと思います。

昭和23年アメリカ軍撮影の宇佐航空隊

写真は1メートル四方程の大きさで、アメリカ軍が戦後、全国にある旧日本軍の航空基地の様子を撮影したものでした。写真はとても鮮明な写りで、柳ヶ浦駅に停まる汽車の様子などもはっきりと見えるのです。当時は柳ヶ浦駅には水や石炭を補充する機関庫があり、ここから別府に向かう汽車は機関車1両では山香の峠を越えられないので、柳ヶ浦駅で後ろから押すための蒸気機関車（押釜）を付けて山香峠を越えていました。

その煙を吐く蒸気機関車が、先頭と末尾についている様子もはっきりと分かるのです。

格納庫が6棟あることや、庁舎の位置、その他の建物配置なども、空襲を受けてほとんど壊滅的な状態の航空隊ですが、大きな建物についてはその様子が分かりました。また基地周辺に掩体壕を配置した様子や、誘導路なども判別できます。現在の城井一号掩体壕なども写っていました。また多くの爆弾が投下されたことは、100個程もある爆弾でできた穴（爆弾池）の様子でも分かります。この写真に写った爆弾池を縮尺で測ってみると、大きい物は直径24メートルもありました。また昭和23（1948）年には、基地内の芝地部分は、開墾されて田んぼにもどされていますが、エプロン（待機場）や、滑走路などコンクリート部分はそのままです。そんなことも含めて、多くのことを知ることができた貴重な写真でした。この写真を見ることによって、具体的に航空隊の様子も実感できました。こんな規模でこんな空襲を受けた宇佐海軍航空隊の歴史について、ぜひ調べたいと、改めて思うようになりました。

この写真でしばらく誤解をしていたことがありました。滑走路跡に100メートル程ごとに、横に点線状の線があるのです。「これは何だろう」と話していたのですが、「昔はコンクリートを手で練っていたので、その継ぎ目の線ではないか」など話していました。後に、アメリカ軍が戦後、今後滑走路を使用できないようにと、ダイナマイトで一定間隔ごとに爆破した跡だということが分かりました。

義兄の東陽円龍（とうようえんりゅう）から、宇佐中学から動員され、残っていた飛行機を一ヶ所に集めさせられ、ガソリンをかけて燃やしたことや、滑走路をダイナマイトで爆破して、使用不能にしていた話などを聞いて、線ではなくダイナマイトの爆発した穴の連続なんだということに納得しました。考えてみれば、コンクリートの継ぎ目など、高いところからの写真に写るはずもないのですが、そんなことも気づきませんでした。それでも、この写真から俄然、宇佐航空隊に取り組む気になって、まず手元にあった3冊の本を読むことから始めました。

最初に取り組んだ郷土の本

宇佐航空隊の航空写真を見て感動して、よし航空隊に取り組もうと意気込んだのですが、資料のないことに変わりはありません。とりあえず、手に入る3冊の本を読むことから始めました。

詳しく書かれていたのは、今戸公徳さんの『僕の町も戦場だった』でした。著者は地元の「海軍御用達」の酒屋の息子さんです。中学校に通っている折は、お酒を航空隊に納めに行き、航空隊の方たちとの付き合いもあり、開隊当初からの宇佐航空隊を見てきた方です。開隊の頃や訓練の様子など、普通の人では入れなかった航空隊の中まで入って知っている人でした。明治大学から陸軍に入隊、戦後復員して後、空襲やいろいろな体験者に取材をして、この本を書いています。この本のおかげで、宇佐航空隊の取り組みを始めることができたといっても過言ではないでしょう。この本により、初めて宇佐航空隊の歴史や、当時の宇佐地域の状況を知ることができました。

また是恒義人さんの『畑田空襲の記録』は、宇佐航空隊の南側に隣接している「畑田」

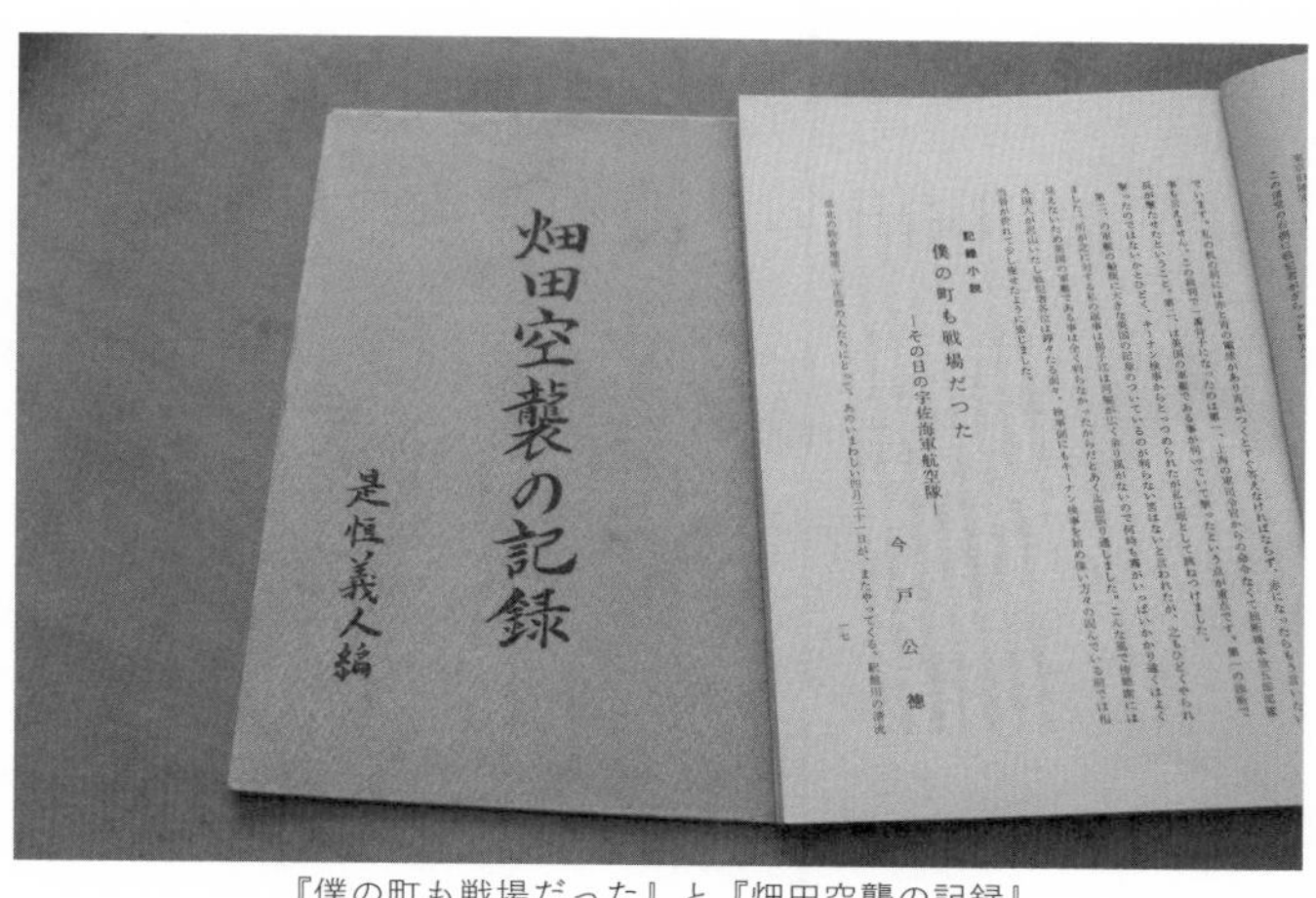

『僕の町も戦場だった』と『畑田空襲の記録』

という一つの地区での空襲の様子について、詳しく記録したものです。一つの地区の記録だけに、空襲で人は誰々が亡くなったということから、家は69戸が被災、馬が6頭、牛1頭が死んだことまで記録されています。それまで空襲の様子を記録した資料はこの本しかなく、とても貴重な資料でした。これは小学校や中学校の先生たちにもよく知られていて、平和学習の折に「空襲といえば畑田」というくらい、「畑田」は宇佐市で空襲を受けた代表的な地区と見られていました。

しかし空襲ということでは、「畑田」よりも航空隊のある柳ヶ浦地区の方が、たびたび空襲も受け犠牲者等も多かったのです。ところが柳ヶ浦地区の記録がなかったので、「畑田」しか知られていませんでした。これは記録の大切さを、改めて教えてくれました。記録に残っていないと、後の世になるとなかったことになってしまうのです。記録の大切さを感じると共に、その収集の大切さを思った次第でした。

この資料を読んだり、周りのお年寄りに話を聞いたりしている折に、強力な助っ人が現れました。豊の国宇佐市塾が、次は宇佐海軍航空隊に取り組むということを新聞記事で知って、ぜひ加えてもらいたいといって来た人がいたのです。それが宇佐市役所の職員で、後に宇佐市民図書館長なども勤めた井上治広さん、通称ハルさんです。大きな段ボール2箱に、月刊誌『丸』やこれまで読んだ多くの戦争関係資料を持参して、宇佐航空隊の取り組みに加えて欲しいと訪ねて来ました。話を聞くと、私たちが知らない海軍のことや、航空隊のことについて詳しく話してくれました。それまで戦争や海軍航空隊のことなどについて詳しく知っているメンバーはいなかったので、こちらからもぜひとお願いして、宇佐市塾のメンバーに加わってもらいました。ハルさんが加わってからは、取り組みの様子が大きく変わりました。東京目黒の防衛研究所に資料があるはずだなど、いろいろなことが分かってきたのです。

四井正昭宇佐市長（左手前）と柴田豊彦司令（右）

ただ、そこにアクセスする方法が分かりません。資料が最も多く保存されているのは、現在の自衛隊だろうということは分かったのですが、自衛隊とどうコンタクトをとってよいかも分かりません。

それで当時の四井正昭宇佐市長にお願いして、陸上自衛隊別府駐屯地の司令を紹介してもらいました。四井市長が別府方面に出かける折に、私と塾生の松木郁夫さんとが同行して、司令に面会しました。「戦前宇佐にあった、宇佐海軍航空隊について、調査などをしたいのでご協力をいただきたい」とお願いをしたら、柴田豊彦司令が、「海軍のことは詳しくないので」と、防衛大学校の同期の幹部学校教授を紹介してくださいました。さらに、東京に行った時の宿舎に市ヶ谷会館まで手配していただきました。それからは、「犬も歩けば棒に当たる」と、とにかく歩いて回ることによって、資料に出会うことができるだろうと、あちこち関係のありそうな場所を訪ねることから始めました。

2
活動のテーマは「発掘」

防衛研究所へ

陸上自衛隊別府駐屯地柴田豊彦司令の紹介状をもらって、勇んで上京しました。まずは、市ヶ谷の防衛大学校の教授に会い、その方から防衛研究所を紹介していただく手順でした。旧海軍の調査をしているとお話すると、自衛隊関係の方は、自分たちの先輩のことを調べてくれているといった感じで、それまでとても協力的でした。そんなつもりで市ヶ谷の防衛大学校を訪問すると、面会していただいた方は、口には出さないのですが、どうも迷惑そうな感じの対応なのです。なぜだろうと思いながらも、一生懸命、私たちの航空隊への取り組みの説明をさせてもらいました。

平松守彦大分県知事の一村一品運動から始まり、豊の国づくり宇佐塾のことや、その後豊の国宇佐市塾では横光利一や双葉山などの人物に取り組んだこと、そして、郷土の戦争の歴史として、宇佐海軍航空隊のことを調べていることなどを話しました。迷惑そうな応対だったのですが30分を過ぎた頃から、「ああ、そんな趣旨ですか」と話を聞いてもらえるようになりました。特に井上治広さん制作の「宇佐航空隊年表」を見ていただくと、「こ

防衛研究所にて松木郁夫さん（右）と藤沢密麿さん（左）

目黒の防衛研究所

れだけの年表を作るとは、なかなか真面目な団体なのですね」と言っていただき、それからは、積極的にいろいろアドバイスもいただきました。

その後、自衛隊の車で目黒の防衛研究所にご案内いただき、係の方に紹介していただきました。おかげで、これまで目にすることのなかった資料も見ることができました。特に、特攻隊の最後の通信を記録した「戦闘詳報」は、特攻隊の方の最期が記録されており、とても感激したのを思い出します。夕方までさまざまな資料を見て、コピーなども取らせてもらい、充実した気持ちで帰ることにしました。ところが、門衛所で出るのを止められてしまいました。それは、防衛研究所への入所記録がないというので、不審者扱いになってしまったのです。確かに、入る際は、防衛大学校の車に同乗させてもらい、受付などもせずに通過してしまいました。それで帰る時に記録がないということになったのです。受付から資料室の方に連絡をとってもらい、学芸員の方に受付まで来てもらい、不審者ではないと証明してもらい、署名捺印をいただき、ようやく出ることができました。

やれやれと、宿に向かう際に銀座を通っていると、街宣車が大声で演説しています。その車の横を見ると「○○塾」の文字。それで市ヶ谷の防衛大学校の先生が、私たちを迷惑がっていたわけがようやく分かりました。なるほど私たちの団体名は、「豊の国宇佐市塾」。「塾」とついているので、右翼団体と思われていたのでしょう。その折に、これは名前を変えた方がよいかなと思ったのですが、そのままになってしまいました。

　大分県の豊の国づくり塾は、松下村塾をイメージして作られたと聞いていましたので、問題ないかと思ったのです。ただ、大分県では「塾」は問題にならないのですが、戦争を扱う団体が「塾」というと、誤解されやすいのは確かで、この時に変えておけばよかったと思ったことは、後にもありました。おまけに私の役職は「豊の国宇佐市塾塾頭」で、誤解を招きやすい名前だったと思います。新聞社の方に、塾頭でなくて、「塾生代表」と書いてよいかと言われたこともあるので、市外に行った際は、「塾生代表」の肩書を使っていますが、まだ、正式には「塾頭」のままなのです。「豊の国宇佐市塾」も30年以上使っていると、地域では市民権を得ているので、変えるのも変えにくい感じなのです。

　その後も防衛研究所には、思いがけないご縁がありました。中津市の川嶌整形外科の川嶌眞人院長と話していた折に川嶌先生が、「現在の防衛研究所の新貝正勝所長は、中津出身の方ですよ」と言われました。ちょうど同席していた自衛隊OBの別所利通さんからも「私が紹介しても良いですよ」と言っていただいたので、さっそくお願いして防衛研究所に新貝所長を訪ねました。事前に、宇佐海軍航空隊に関する資料を見せていただきたいとお願いをしていたので、学芸員の方に伝えていただいていたようで、貴重な資料を教えていただき、戦時中の宇佐航空隊の基地の図面も見せていただきました。その後も、井上治広さんを中心に、何度も資料の調査に防衛研究所を訪ね、さまざまな資料を見つける事ができました。

そのお世話になった新貝所長が、その後中津市の市長さんになるとは思いもしませんでした。つくづくご縁の不思議さを感じました。

日米開戦の幕を切った、高橋赫一少佐

高橋赫一（かくいち）さんの名前は、宇佐航空隊の取り組みを始めるまで、まったく知りませんでした。取り組みを始めると、それまでは気づかなかったいろいろなことに気づくようになります。新聞記事もそうです。それまでも掲載されていたのでしょうが、気づかなかった記事などが目に留まるようになってきました。高橋さんのことも、息子さんが新聞に投稿されていた記事を見て連絡を取り、お話を聞かせていただき、写真などいろいろな資料を見せてもらいました。聞かせてもらう中で、宇佐航空隊の多くの隊員の中でも、高橋赫一さんは最も重要な人物の一人だということが分かってきました。

高橋赫一さんは、海軍兵学校を出て飛行機の操縦に進み、長崎県大村基地にいた折は、いわゆる渡洋爆撃と呼ばれた南京空襲にも参加しています。そして、昭和14（1939）年10月1日の宇佐海軍航空隊の開隊の際に、艦上爆撃機隊の初代飛行隊長として宇佐に着任して、部下の指導、訓練にあたっていました。昭和16（1941）年8月には、航空母艦「翔鶴」の飛行隊長になることが決まります。息子さんの高橋赫弘（あきひろ）さんによると、当時、

最新鋭の航空母艦「翔鶴」の飛行隊長に抜擢されたことを、とても誇りにして息子さんに語っていたそうです。

昭和16年12月8日の真珠湾攻撃から、日本とアメリカとの戦争が始まります。この真珠湾攻撃は山本五十六（いそろく）連合艦隊司令長官の独創的で奇抜な作戦だったといわれています。これまでの海軍の戦いは、駆逐艦から魚雷を発射したり、戦艦が大砲を撃ったりして相手の船を沈めるものでした。それまでの船と船との戦いの発想をまったく変えて、お互いの船が見えない距離から、飛行機を飛ばして近づき魚雷や爆弾を投下するという、飛行機中心の攻撃に転換をしたのです。この飛行機による攻撃で、世界で初めて多数の戦艦などを沈めた戦いが、真珠湾での戦いでした。

高橋赫一少佐

そのとき航空母艦から戦艦などへの攻撃に参加する主な飛行機は、艦上戦闘機、艦上爆撃機、艦上攻撃機です。その艦上爆撃機、艦上攻撃機の搭乗員養成を一手に担ったのが、宇佐航空隊でした。それだけに厳しい訓練が有名で「鬼の宇佐空」と呼ばれていました。それだけ大きな期待がかけられていたのでしょう。昭和16年10月には、最新鋭の航空母艦「翔鶴」「瑞鶴」の艦上攻撃機隊が、宇佐航空隊を基地として猛訓練を始めています。真珠湾攻撃の準備です。そして、11月19日には訓練を終了して、真珠湾攻撃に参加しています。

この真珠湾攻撃に、高橋少佐は宇佐で訓練し鍛えた部下を連れ、航空母艦「翔鶴」の艦爆飛行隊長として参加しました。そして、日米開戦の幕を切って落とすことになる、日本軍として最初の爆弾を投下したのが高橋赫一少佐その人でした。

ハワイのフォード島のアメリカ軍基地には、高橋少佐の投下した爆弾の跡が現在も残されています。現地に行くと、説明板に高橋少佐の投弾した場所が印された地図などもあります。現地はアメリカ軍基地の中なので観光で訪れることはできませんが、幸い私たちは元米海兵隊中佐のギャリーさんにご案内いただき、見学することができました。高橋少佐の投下した爆弾は格納庫の端に当たり、周りのコンクリートに爆弾の破片の跡が残りました。その跡が今も保存されているのです。

また、基地に隣接している太平洋航空博物館・パールハーバーでは、展示室に入った最初のブースが、高橋少佐の飛行機が真珠湾に侵入して、正に爆弾を落とそうとしている様

真珠湾攻撃の写真

子の展示です。この投弾から日米戦争が始まりました。博物館の最初の展示が、この高橋機の侵攻の展示なのを見ても、日本軍の真珠湾での奇襲作戦がアメリカ軍にとっても、いかにインパクトのあることだったかが分かるようでした。

「結果として宣戦布告前の攻撃になってしまって、申し訳なかったですね」との言葉にギャリーさんは、「それにしても、同じ軍人としては、敵ながらあっぱれですよ。よくこの条件で空襲できたと思います」と話されました。確かにGPSもない時代に、無線も使うことなく隠密裏にハワイまで到達し、空襲に成功したことは同じ軍人として、意気に感じたのかと思いました。

このギャリーさんには、高橋赫一さんの縁で、宇佐市を数回訪れていただきました。日米友好のハナミズキの植樹の件でも大変お世話になりましたので、このハナミズキのことは、後に述べさせてもらいます。

真珠湾攻撃を終えた高橋赫一少佐たちは、別府の海軍指定の料亭「なるみ」で祝勝会を開きました。横須賀などではなく、別府ということに驚きました。

別府の料亭「なるみ」に残された書

戦争中に海軍指定の料亭だった「なるみ」のことは、終戦50年を前にして、地元の大分合同新聞に出た記事で知りました。その紙面に「戦争中に海軍関係の人が多く「なるみ」を訪れ、その人たちが揮毫（きごう）した書が多数残っているが、戦後50年になるのを機に、しかるべき場所に保管してもらいたいと思っている」とありました。「なるみ」には宇佐航空隊の関係者も多く訪れていたはずで、その方たちの書もあるのではないかと早速連絡を取って、「なるみ」の2代目高岸克郎さんを訪ねました。そしてぜひ宇佐市に預からせていただきたいとお願いしたのですが、すでに佐伯市の方も訪れており、私たちは2番目になってしまいました。

「なるみ」には、３００人を超える方たちの揮毫が残されており、21巻の巻物に表装して保管されていました。1巻ずつ見せていただくと、最初に目についたのは、

「必撃轟沈　ハワイ空襲終わりて　高橋少佐」

と書かれた書でした。これは宇佐航空隊の初代艦爆飛行隊長、高橋赫一（かくいち）少佐の書です。

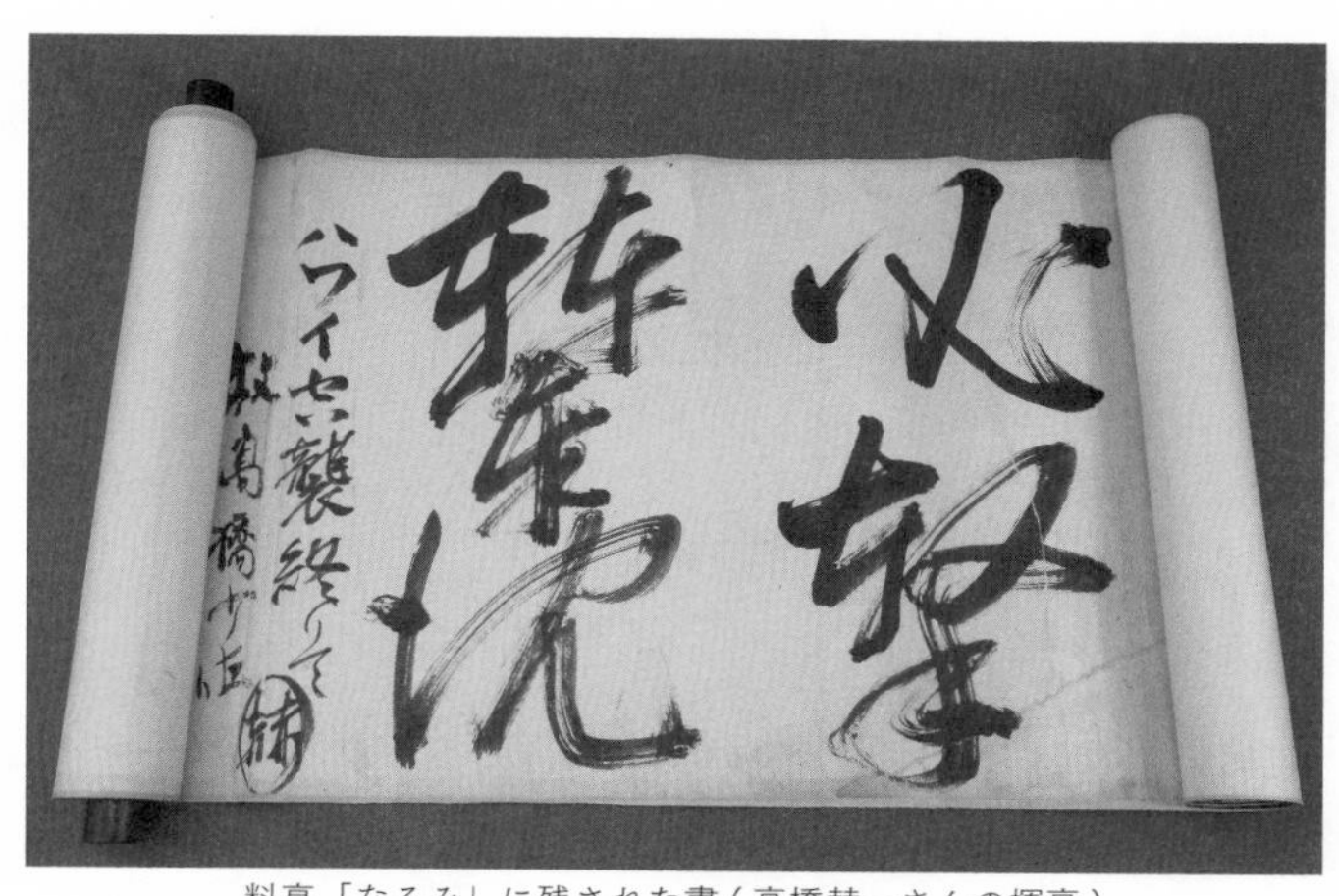

料亭「なるみ」に残された書（高橋赫一さんの揮毫）

それも、真珠湾攻撃から帰った時の書でした。

　真珠湾攻撃は日米戦争の初戦で、この戦いは日本の勝ち戦でした。その祝勝会を別府の料亭「なるみ」で催したのです。その折に「なるみ」の初代高岸源太郎さんが紙と筆を用意して、訪れた人に揮毫をお願いし、高橋少佐の書も、この時に書かれたものでした。筆の勢いもですが、書に勝ち戦の興奮がまだ冷めやらぬ様子が、見る者にも伝わってくるように感じました。

　この祝賀会には真珠湾攻撃の折の第一機動部隊司令長官、南雲忠一（なぐもちゅういち）中将も参加していました。「参加した人は、勝ち戦で意気軒昂でした」「特に南雲さんはとても喜んでいて、真珠湾での第1弾を投下した高橋赫一さんと乾杯をしていました」と高岸克郎さんは話されていました。こ

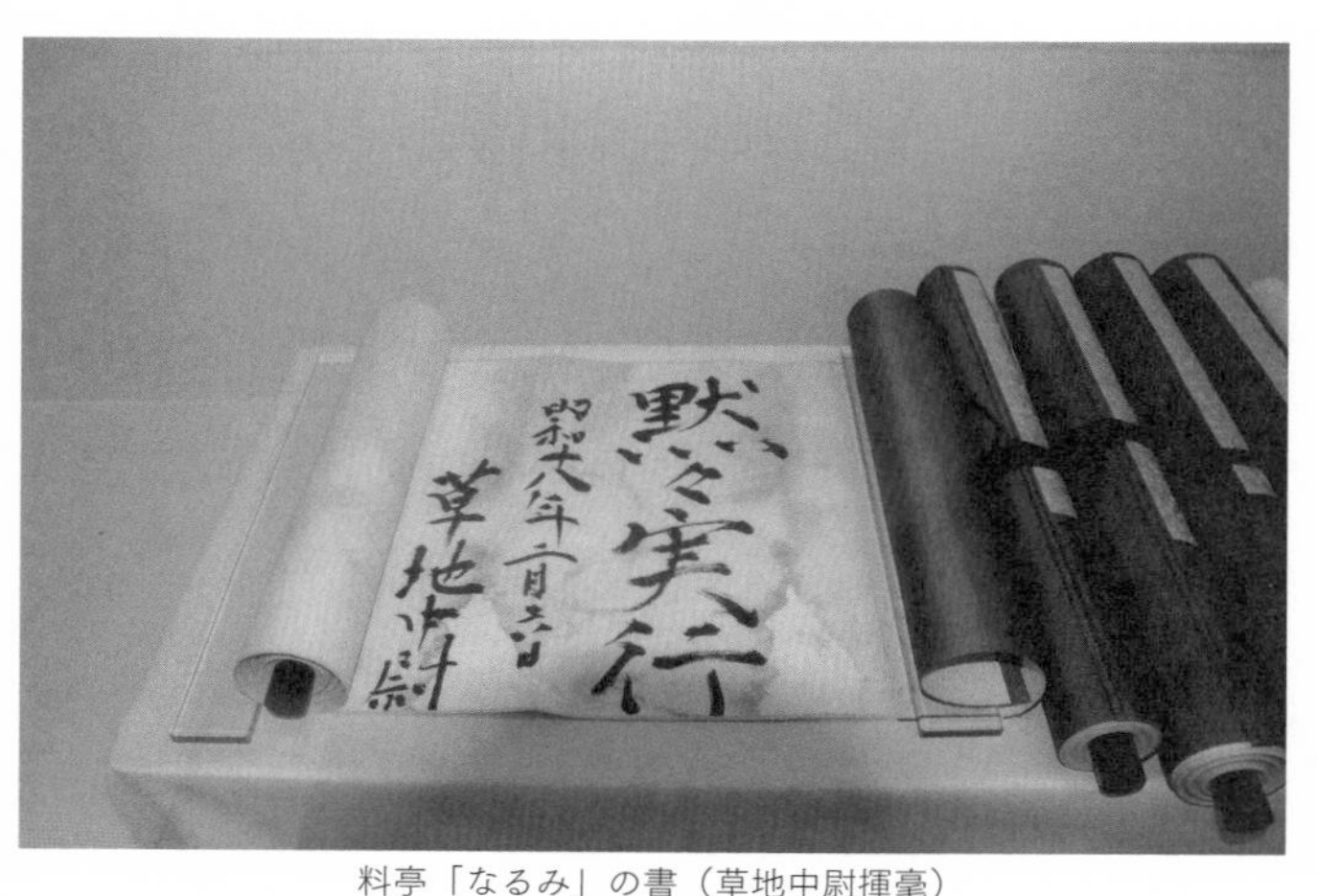

料亭「なるみ」の書（草地中尉揮毫）

の会ではやはり、日米開戦の幕を切って落とすことになった第1弾を投下した高橋赫一少佐が、この日の主役だったのでしょう。

南雲さんはこの時、真珠湾攻撃での貴重な写真を源太郎さんに贈っています。その写真はハワイ真珠湾のフォード島を攻撃中に魚雷がアメリカ軍の戦艦に命中して、水柱が高く上がる様子を撮影したものです。朝日や毎日といった当時の新聞にも載った有名な写真ですが、機動部隊の司令長官から直接もらうのは、当時でも珍しいことだっただろうと思います。この写真も宇佐市にご寄贈いただき、今は宇佐市で大切に保管されています。

「なるみ」を訪れて揮毫した方々の書は、「なるみ」の3階、130畳もある大広間の壁にずっと並べて貼ってありました。すると、その後「なるみ」を訪れた人がこの書を見て、「高橋少佐は珊瑚海海戦で戦死されましたよ」と壁に貼ってあった高橋少佐の書の署名の上に、故人になられたということで、「故」と書き加えられたそうです。確かに高橋少佐の書を見ると、「故」という字だけが筆跡が違うので、後に書き加えられたことが分かります。「なるみ」の書の中には、亡くなられたけれど故人を表す「故」がついてない人もいますが、多くの人に故人を示す「故」がついています。この書を見ると、高橋赫一少佐を始め、ベテランパイロットの多くが戦死したことが分かります。

宇佐市には「なるみ」の書以外にも、市民図書館が収集した海軍関係者の書が多くあります。鹿児島県知覧（ちらん）の特攻記念館には、特攻出撃して亡くなった人の遺書が多く集められていることで有名です。しかし飛行機の搭乗員も含め、これだけ多くの海軍関係者の揮毫が残っているのは、全国でもあまり例がないのではないかと思います。

この「なるみ」の書を書いた大半の方は、氏名や所属した部隊などが分かっています。これは宇佐市塾の井上治広さんが苦労して調べたものです。井上さんのように地道に調査を続ける人がいて初めて、名前や部隊なども分かります。「なるみ」の書は、宇佐市と佐伯市で半分ずつお預かりしました。佐伯市の書についても、井上さんが氏名や経歴などを調べて佐伯市にお知らせしました。貴重な書なので、機会があれば時折相互に交換して、展示ができればと思います。

それまで何度か「なるみ」の高岸家を訪れる中で、珍しいお話もいろいろ聞かせていただきました。山本五十六連合艦隊司令長官が、旗艦「長門」に乗り別府に入港した折には、多くの戦艦や駆逐艦などが停泊したので、対岸が見えない程だったとのことでした。その折に、先代の高岸源太郎夫妻とともに、2代目高岸克郎さんの奥さんのユキさんも「長門」での昼食会に招待されたそうです。軍楽隊が生演奏する中で、料理はフランス料理のフルコースだったそうです。当時すでに神様のように思われていた山本五十六長官からの招待で、ユキさんは「夢みたいでした」と言われていました。ユキさんは当時、料亭「なるみ」の若女将でもありましたから、「味はどうでしたか」とお聞きすると、「緊張して何を食べたか全く覚えていません」とのことでした。たしかに20歳そこそこの女性が、神様のような山本五十六長官と同じテーブルで、軍楽隊の演奏を聴きながらのフルコースとなると、緊張しない方がおかしいでしょう。そんなよい時代もあったのです。

やがて次第に戦局が逼迫(ひっぱく)するようになると、「なるみ」は神風特別攻撃隊で出撃する人たちのお別れの場にもなりました。大分や宇佐、佐伯の航空隊関係者も多く訪れたようです。大半の人は驚くほど冷静だったそうですが、中にはお酒を飲んで荒れて、障子を壊したりする人もいたそうです。でも先代の源太郎さんは、「あの人たちは神様だから、自由にさせてあげなさい」と言われていたそうです。20歳そこそこの年で、国のためとはいえ、数日後には死んでいかなくてはならない人たちの心情を思ってのことでしょう。行く人も見送る人も、共につらかったことだろうと思います。

多くの芸者さんなども写った「なるみ」の大広間の写真を見ると、まさに「兵（つわもの）どもが夢の跡」といった感じがします。しかし、ここでの一夜の宴の後、特攻に出撃していった人も多いのだろうと思うと共に、今は「なるみ」もなくなってしまい、歴史の風化を感じます。しかし、風化させてはならない、語り継がなくてはならない歴史もあると思うのです。

ちなみにこれは航空隊とは関係ないのですが、「なるみ」のご主人高岸源太郎さんは西本願寺第22世門主で、大谷探検隊を率いた人として有名な大谷光瑞（こうずい）さんの晩年を、別府に家を提供するなどしてお世話してくれています。そんな関係でしょうか、高岸源太郎さんのお葬式は、西本願寺により直接執り行われたとのことです。本願寺の総長でも務めない限り、一般にはほとんど例のないお葬式だったのではと思います。その高岸源太郎さんが大谷光瑞さんに提供した家の跡は、現在も別府の鉄輪に大谷記念公園として残っています。

特攻隊の生き残り　岩沢辰雄さん

「特攻隊の生き残りの方が宇佐に来ていますが、会われませんか」と、奥田一弘さんより電話をいただき、「生き残りとはどんなことだろうか」と思いながら奥田さんのお宅にうかがいました。お会いしたのは岩沢辰雄さんという方で、宇佐航空隊には昭和19（1944）年11月から昭和20（1945）年3月まで在隊し、その間は奥田さんのお宅に下宿していたとのこと。一弘さんの祖父・奥田峰太郎さんは、岩沢さんをとてもかわいがっていたので、岩沢さんは戦後もよく奥田家を訪れていたそうです。

岩沢さんは甲種飛行予科練習生（予科練）の11期で入隊。宇佐航空隊には昭和19年11月に艦上爆撃機の教官として着任し当時、30機ほどあった99式艦上爆撃機で、乙種飛行予科練習生18期などの訓練を指導していました。戦況は悪化して、各地から特攻出撃のニュースも伝えられるようになった頃でした。当時は飛行機の搭乗員は、特攻隊を志願する願書を出すように言われ、「特攻志願、後顧の憂いなし」という願書を出しました。ただ、実際に特攻が目の前に迫っていたわけではなく、一応願書を書くといった感じだったそうです。とはいえ願書が出ているので、岩沢さんたちはいつ特攻に指名されてもおかしくはなかったのでした。

昭和20年3月20日の朝礼で、「今から名前を呼ぶものは前に出るように」と言われ、岩沢さんや多くの人が名前を呼ばれ前列に並ぶと、「以上の者は特攻編成、特攻に行ってもらう。出撃は4月下旬の予定。すぐに身の周りの整理をし、遺書を書く者は書き、不要の物は送り返すように」と言われました。要は、「死ぬ準備をしなさい」ということでした。岩沢さんに「その話を聞いて、どんな気持ちでしたか」とお聞きすると、「あちこちから特攻が出ているのは、新聞などで知っていました。いずれは宇佐航空隊からも特攻出撃があるのではとは思っていたのですが、実際に特攻に指名されてみると頭の中が真っ白になって、何も物を考えることができませんでした。そしてしばらく経ってから、「死にたくないな」と思いました。しかし、特攻を辞退しますと言える状況でもなく、どうせ死ぬのなら、大きな船に体当たりをして死のうと、皆で話しました」とのことでした。

それまではガソリンがないということで、実際の飛行訓練はほとんどできなかったのですが、その日からは、朝から夕方まで一日中飛行機に乗り、特攻での突入の訓練が始まりました。「特攻で一番大事なことは、敵艦に体当たりする瞬間まで、目をつむらないこと。

当たる直前に目をつむってしまうと、操縦を誤り、海に突っ込んでしまう。とにかく、ドーンと敵艦に当たる瞬間まで、目をつむらないように」と、それだけを繰り返し言われたそうです。

夕食になると、明日出撃するわけではないのだからと、お酒は飲み放題。飲むと気持ちが大きくなって、「俺は航空母艦をやるぞ」「俺は戦艦をやるぞ」と元気のよい話になり、酔いつぶれて眠ってしまいます。しかし、夜中に岩沢さんが目を覚ますと、昼間「戦艦だ、航空母艦だ」と、元気な話をしていた人が毛布をかぶって泣いている。「お母さん、お母さん」と言って泣いているのです。あまり泣くのでだんだん周りの人も目を覚ますのですが、「お前、昼間は大きなこと言って、なんだこのざまは」などと言う人は一人もいません。みんな一緒に泣いていた。そして、泣きながら眠りました。次の朝、目を覚ますと、昨日のことは夢に見たとも言わないで、一日中「航空母艦だ、戦艦だ」と訓練をする。夜、お酒を飲んでは「大きいのをやろう」と威勢よく話し、夜中には「お母さん、お母さん」と泣く繰り返しでした。

岩沢さんは、よほど飛行機の操縦が上手かったのでしょう。上官の中津留達雄大尉が転勤する折に、操縦の上手な隊員を一人連れてくるようにと言われた際、岩沢さんが選ばれたのです。特攻出撃予定の他の隊員に申し訳ないと辞退したのですが、命令とのことで転勤することになり、特攻編成からはずされました。それを他の隊員に直接言うことはできず、他の人に「岩沢は鹿児島の国分に転勤命令があった」と伝えてもらいました。それでも4月1日、宇佐航空隊を出る時は特攻編成のみんなに「岩沢生きて、俺たちの分まで頑張ってくれ」と見送ってもらいました。しかし、岩沢さんは「私も必ず後から行くから」としか言えませんでした。

そんなお話を聞いて、ぜひ手記にしていただきたいとお願いをしたのですが、「公にするつもりはない」と、なかなか書いてはいただけませんでした。しかし、特攻出撃前に宇佐でそうした出来事があったことを、ぜひ若い人たちにも伝えてもらいたいとお願いして、ようやく書いていただきました。その原稿の最後に、

「現在、戦争そのものは大いに批判されてもよいと思うが、しかし当時の若者は、身命を賭して、国を救い肉親を救いたいとの純真な気持ちで行動したのだ。当時の若者たちにも、死への恐怖は、今の人たちと同じようにあったのだ」

と書かれていました。

ともすると私たちは、あの時代は特別な時代で、死をも厭（いと）わない若者が多くいたのだと

思いがちですが、岩沢さんの言われるように、当時の人も、今の人と同じように死ぬことは怖かったし、20歳前に死にたくはなかったことでしょう。しかし自分が死ぬことで、家族や恋人や国を護ろうと決心して、特攻に出撃して行かれたのだと思います。

飛行機が急降下を始め、いよいよアメリカ軍の艦船に体当たりしようとする瞬間まで、目をカッと見開いて操縦桿を握りしめている様子を思うと、なんともやるせない気持ちになります。

宇佐航空隊主計長　脇田教郎さん

脇田教郎（のりお）さんには、宇佐航空隊の取り組みが始まった早い時期にご縁をいただきました。最初私は航空隊での主計長という立場も理解できていなかったのですが、航空隊では司令に次ぐナンバー2、現在でいえば大臣に次ぐ事務次官といった位置になるのでしょう。気さくに接していただいたのですが、当時なら近寄りがたい存在だったはずです。脇田さんは主計長だっただけに、航空隊の中枢部にいて、当時の司令や分隊長さんたちとの交流も深く、貴重なお話を聞かせていただきました。脇田さんは宇佐航空隊で接した多くの人の中でも、特に宇佐航空隊から最初の特攻出撃となった山下博大尉が印象深かったようです。

特攻出撃の前、中津の海軍指定の料亭「筑紫亭」で送別の宴を催した折に、山下大尉が「私のようなベテランパイロットを特攻で出撃させるなど理解できない。私なら何度もアメリカ軍を攻撃して帰ってこられるのに。私が特攻に行って、敵戦艦を1隻沈めても、戦局には何も影響しないだろう」と悲憤慷慨（ひふんこうがい）していたとのことで、なんとも答えようがなかったと話されていました。山下大尉の立場では、かなり戦局のことも分かっていたでしょうから、自分の死が戦局に大きく影響を与えることがないだろうということも、よく分かっていたのだと思います。それだけに、やりきれない気持ちがあったのでしょう。

山下大尉は、幾度も戦闘に参加していれば、いずれは戦死することになるだろうと思っていたことでしょう。それだけに、死を厭うのではなくこれまで長く訓練もし技量も磨いてきた、自分のようなパイロットを、1回限りの特攻出撃で終わらせることが納得できなかったのでしょう。他所ですが、特攻出撃の折にベテランのパイロットが「私が確実に投弾して命中させることができる状態の時は、爆弾を投下して帰還してもよいですか。その方が何度も出撃でき、効果が大きいと思いますが」と言ったことがあるそうです。この時の上官の答えは、「ベテランが爆弾を投下して帰ってきて、未熟な者には特攻せよでは全体の士気に関わるので、特攻してもらいたい」だったそうです。山下大尉も、そのベテランパイロットと同じ気持ちだったことでしょう。山下大尉は直情径行の性格もあって、怒ると部下や同僚だけではなく上官にまで殴りかかり、「ヤバシタ」という仇名で呼ばれていたとか。しかし国の行く末を案じるということでは、誰にも負けないという自負もあったことでしょう。

昭和20（1945）年4月3日、第一八幡（はちまん）護皇隊（ごおうたい）の分隊長として宇佐航空隊を飛び立つ際に、山下大尉は「宇佐海軍航空隊職員ニ告グ」という檄文（げきぶん）を貼って出撃しています。

「国マサニ亡ビントス　護国ノ鬼神ニ礼ヲ欠ケルヲ見テ……諸官ノ猛省ト奮起トヲ促シ司令中心ニ神兵錬成ニ邁進セラレンコトヲ欲シテ已マザルヤ切ナリ」

と書いています。長文なのですが、この文には個人的に思い出があります。


宇佐航空隊の取り組みを始めた頃は、資料がどこにあるかさえ皆目見当がつきませんでした。そこで「犬も歩けば棒に当たる」と、とにかくいろいろなところを訪ねて回ることにしました。そんな中で、江田島の教育参考館を訪れました。そこに展示されている資料の多さに圧倒される思いでしたが、その中に山下大尉の檄文を見つけた時の興奮は、今も忘れられません。まさかここで、宇佐航空隊の、それも最初の特攻の山下大尉の書と出会うとは思いもしなかったからです。是非とも写真を撮って持ち帰りたいと、事務室にお願いをすると、「遺族の同意が必要」とのことでした。では遺族の住所を教えてもらいたいとお願いすると、これも「遺族の同意が必要」とのこと。では何か方法はないかと聞くと、「厚生省の援護局に聞いてみたらよいのではないか」ということで電話をしてみると、こちらも「遺族の同意が必要」という返事でした。やむなく「文字で書き写すのはよいか」と聞くと、それは自由だというので、同行の藤沢密麿さんが、長文を間違えないように懸命に筆写して持ち帰りました。『宇佐航空隊の世界I』の中に出ている山下大尉の檄文は、藤沢さんが江田島で書き写したものです。

後に詳しい人から、「海軍兵学校の卒業生名簿を見れば、すぐ分かったのに」と言われました。そんなことも知らず、ただ闇雲に取り組んでいたのです。知識も情報もなく、ただただ宇佐航空隊の歴史を発掘したいという思いだけで、あちこちと動きまわっていました。後に、安田晃子さんたちが、ご遺族とコンタクトを取って、山下大尉の書の実物大のコピーを見せてもらうことができ、感激しました。改めて、一字一字書き写していた頃のことを、懐かしく思い出しました。

話がそれましたが、山下大尉の檄文の中に出てくる「大東亜戦争ノ実相ハスデニ勝利ヲ思フ時ニアラズシテ　如何ニシテ二千六百有五年ノ大日本帝国ヲ護シ通スヤノ段階ニ投ゼラレタリ」との部分は脇田さんによると、山下大尉の書にもあるように、当時の直井俊夫司令が、紀元節（2月11日）に全隊員に対して言われた言葉だそうです。脇田さんはこの言葉を聞いて、「勝利を思う時にはあらず」などは、日本が負けると言わんばかりの内容で、外に漏れたら大変なことになる、司令もよく話されたものだ、と思ったとのことでした。

直井司令にはもう一つ、脇田さんの心に残る話がありました。それは、特攻出撃に際しての司令の挨拶が「諸氏の武運を祈る」との一言だったので、脇田さんが、「どうして武運長久を祈る、と言わないのですか」と聞くと、穏やかな司令が声を荒げて「死にゆく者のどこに長久がありますか」と言われたそうです。特攻隊を送り出す直井司令にとっても、胸中穏やかではなかったのでしょう。

宇佐航空隊の中枢におられた脇田さんだけに、まだまだお聞きしておけばよかったと思うことはたくさんあります。今となってはどうしようもありませんが、『宇佐航空隊の世界Ⅰ、Ⅱ』と、2回も思い出を寄せていただき、私たちの活動にもアドバイスをいただいたので、脇田さんの宇佐航空隊への思いの深さは幾度となく感じたことでした。

幕を閉じた宇佐海軍航空隊と賀来準吾さん

宇佐航空隊で教官をしていた賀来準吾さんは、地元宇佐にある宇佐神宮の仲見世の土産物店「カクカク」の出身でした。昭和12（1937）年、宇佐中学を3年で修了し、予科練に入り、横須賀、筑波航空隊を経て、昭和15（1940）年実用機教程の練習生として、宇佐航空隊に来ました。ここでは優等卒業で、恩賜の時計を拝受したそうです。宇佐町の公会堂で町民あげての祝賀会を開いてもらい、何よりの親孝行になったと言われていました。その後、霞ヶ浦、航空母艦「飛龍」、宇佐空、航空母艦「瑞鳳」、601空を経て、昭和19（1944）年7月、3度目の宇佐航空隊に教員として赴任します。しかし翌年3月、体調を壊して自宅療養となりました。3月18日に自宅からタクシーで航空隊の病院に行き、診察を受けている最中にアメリカ軍の空襲に初めて遭遇します。その後5月に百里原空へ移動するまでの間、空襲や特攻隊の出撃など、宇佐航空隊での出来事をつぶさに体験された方です。

昭和20（1945）年3月末には、山下博大尉をはじめ特攻隊として出撃する隊員の方々

賀来準吾さん

が、宇佐神宮に参拝しました。それを聞いた賀来さんは休んでいた床より起きて、門口で帰る人たちを迎えました。山下大尉からは「賀来分隊士、後に続いてくれ」と言われ、幼い面影の残る教え子たちを、もう会うことはないと思いながら見送ったということでした。

八幡護皇隊、八幡神忠隊、八幡振武隊と、宇佐航空隊所属の飛行機１０４機が特攻隊で出撃して、宇佐航空隊には訓練に使う飛行機がなくなりました。それもあったのでしょうか、宇佐海軍航空隊は練習航空隊としての役割を終え、昭和20年５月５日に解隊となり、西海航空隊に編入され宇佐基地となります。昭和14（１９３９）年10月１日に宇佐海軍航空隊が開隊してから、５年半余りの歴史に幕を閉じました。その宇佐海軍航空隊にあった「御真影」を、5月17日賀来さんは直井司令と共に、零式輸送機で羽田まで運び、宮内省に奉還しました。このことは賀来さんもよほど印象深かったようで、よく話をされていました。

また賀来さんは、予科練の甲飛（甲種飛行予科練習生）、乙飛（乙種飛行予科練習生）の制度にはとても不満を持たれていました。賀来さんが入隊した頃は、甲飛、乙飛の制度はなく、「飛行予科練習生」だったそうです。それがその後、中学を出た人は甲飛、その他の人は乙飛となり、甲乙の名称ができました。甲乙というと、いかにも甲の方が上の印象を受けます。賀来さんは中学を出ていたのですが、甲飛などができる前に入隊した人は、全て乙飛に入れられたそうで、乙飛の人になりました。その点にとても不満を持たれていましたが、私ももっともだと思いました。

また賀来さんは特攻隊の出撃や、宇佐の空襲の様子などを実際に経験されていました。私は8月が近づきテレビ局などから、「誰か宇佐航空隊を語ってくれる人はいませんか」と聞かれると、いつも賀来さんを紹介させてもらっていました。賀来さんは「亡くなった人の供養にもなるだろう」と、迷惑がらずにご協力をしてくださいました。また、書籍などたくさんの資料をご寄贈いただき、亡くなられてからは息子さんからも、写真等含めて改めてご寄贈いただきました。賀来さんをはじめ、当時の関係者の方々からは、たくさんの資料を提供いただだいています。どれも貴重な物ばかりで、多くの方に見てもらいたいと思っています。

私は以前、中津北部公民館に講話に行きました。その時、会場に入ると、聴衆の中に賀来さんがおられたのでとても驚きました。その日の演題は「宇佐航空隊に学ぶこと」でした。当事者を前にとは思ったのですが、儘よといつもの調子でお話をさせてもらいました。ニコニコお聞きいただいたのですが、「間違いはなかったでしょうか」とお聞きしたいところでした。しかし、その日は聞きそびれてしまいました。貴重な体験をお持ちの方だったのですが、お元気な頃はいつでもお聞きできると思って、ついついお話を聞くのを先に延ばしてしまっていました。そのうちに皆さん亡くなられてしまいました。やはりやるべきことは、思いついたらすぐにやるべきだったと、今となっては残念に思っています。

3

「宇佐航空隊の世界」の催し

「宇佐航空隊の世界」① キーワードは「発掘」

豊の国宇佐市塾では、昭和63（1988）年10月に「横光利一の世界」を開催し、宇佐細見読本①『横光利一の世界』を発刊しました。また平成元（1989）年11月には「双葉山の世界」を開催し、宇佐細見読本②『双葉山の世界』を刊行しました。そして平成3（1991）年2月2日、「宇佐航空隊の世界」を開催し、宇佐細見読本③『宇佐航空隊の世界Ⅰ』を発刊しました。この宇佐航空隊への取り組みを始めてからは、それまで活動を応援していただいていた方から、いろいろなご意見をいただきました。

「これまで横光利一、双葉山と宇佐にゆかりの人物を発掘してきて、素晴らしい活動をしていると思っていたのに、なぜ今回は宇佐航空隊なのですか」と言われるのです。どうしてだろうとお聞きすると、「せっかくよい催しをしていると思っていたのに、なぜ急に左翼になってしまったのですか。また反戦平和というのでしょう」と言われたのです。また、同じように私たちの活動を応援してくれていた別の方らは、「なぜ急に右翼的になったのですか、愛国心とかいうのでしょう」と言われるのです。埋もれてしまいつつあった

「宇佐海軍航空隊の歴史」を知ってもらおうと思って始めた活動だったのですが、横光利一や双葉山と違って、政治的な活動と見られる可能性があるということに、初めて気がつきました。

これまでの宇佐市塾は、メンバーの自由な集まりで特に規約などもなく、発言も各自思い思いで、それぞれが自由にマスコミの方へも語ってきました。しかし今回の催しでは、宇佐市塾のやろうとしている方向をはっきり知っていただく必要を感じました。今回の催しで誤解を招いてしまうと、宇佐市塾の活動も終わりになるかもしれないとさえ感じました。それでメンバーには、「大変申し訳ないが、今回の航空隊の催しについては各人で新聞社などにコメントせずに、対応を平田に一本化してもらいたい」とお願いしました。宇佐市塾の今回の催しのスタンスを、はっきり伝えないといけないと思ったからです。

これまでに何度か催しを開いてきて感じたことは、一つの取り組みを続けていくと、そのうちに自然にその催しについての「キーワード」が浮かんでくるということです。横光利一の催しでは、横光を通して「本に親しむ」ということでした。双葉山の催しでは、双葉山の人生は、学ぶに値する「人生の教師」だということでした。そしてこの宇佐航空隊での取り組みの中で浮かんできたのは、「発掘」という言葉でした。埋もれかけている宇佐航空隊の歴史を「発掘」するということです。ちょうど考古学者が古墳を発掘するように、宇佐航空隊の歴史を発掘する。そして発掘した土器の破片が、「お茶碗か、壺かは、見る皆さんが評価してください。しかしここにある土器の破片は、歴史的な事実です」と言えるように、宇佐航空隊についても発掘した歴史を見て、「だから愛国心」と見るか、「反戦平和」と見るかは、見る方にお任せします、というスタンスで臨むことにしたのです。この私たちの宇佐航空隊への取り組みの方向を、ご理解していただいた方たちもいました。ある戦友会の会報には、催しの案内を載せていただき、「発掘ということで取り組まれているようなので、温かく見守らせてもらいましょう」と書いていただいていました。私たちの気持ちをよくくんでいただいていると、とてもありがたく思いました。

それまでの宇佐市塾の催しの参加者は、横光利一、双葉山が共に200人を超えるほどでした。それでこの催しも、400人程入る宇佐文化会館の小ホールで十分だろうと予約をお願いしたところ、すでにピアノの発表会の予約が入っていると言われ、やむなく1200人入る大ホールで開くことになりました。ただ、宇佐市塾には動員をお願いするような団体もなく、ほとんど宇佐市の広報や、新聞での催しの予告記事に頼っていましたので、とても400人は来てもらえないだろうと思っていました。しかし、催しの前に、

会場入口

満席の会場

地元の大分合同新聞が「宇佐航空隊の世界に寄せて」という連載記事を、6日間にわたって掲載してくれました。それも700字程の記事を書いたメンバーの写真と、掩体壕など関連の写真が毎回入った、大きな記事でした。

書いたのは、催しの実行委員長山内英生さん、宇佐航空隊年表を作った井上治広さん、司会の鹿瀬島元子（かせじまもとこ）さん、台湾の航空兵の取材などもしていただいた石丸幸子さん、宇佐細見読本③『宇佐航空隊の世界Ⅰ』の編集長松木郁夫さん、そして私でした。記事が6日間も続けて紙面に出ると、嫌でも目に入ります。この記事や、他の新聞社の催し案内の記事のお陰もあったのでしょう。当日は1200人の大ホールが満席で、立ち見の方が出る程でした。後で振り返って、もし小ホールで開催していたら、大変な混乱だっただろうと冷や汗ものでした。

この参加者の中には、私の寺のご門徒の方もおられました。「ご院家さん、宇佐航空隊の催しというので、ゴルフのキャディを休ませてもらって来ました。掩体壕作りに行ったり、空襲にあったりと、宇佐航空隊のことは今でも忘れられません」と言われました。当日は、宇佐航空隊に関わった多くの方々が、いろいろな思いを持って参加してくださったのだと思います。予科練だった方、当時、勤労動員で掩体壕作りをした中学生や、女学校の生徒さんといった体験者の方々から、現在の学校の先生方、資料集めにご協力いただいた別府駐屯地の柴田豊彦司令や隊員の方々など、多くの方々に参加していただきました。そして当日、講演者としてお招きした作家阿川弘之さんの記念講演もすばらしく、とても感動しました。

「宇佐航空隊の世界」② 阿川弘之さんの講演

阿川弘之さんの代表作の一つ『雲の墓標』は、宇佐航空隊が舞台で、宇佐航空隊から特攻出撃して戦死した堀之内少尉などの日常と出撃までを日記のスタイルで記しています。平成元（１９８９）年、豊の国宇佐市塾で宇佐航空隊のことを調べ始めた頃は、航空隊に関する資料がほとんどなく、最初は阿川弘之さんの『雲の墓標』と、地元におられた今戸公徳さんの『僕の町も戦場だった』と是恒義人さんの『畑田空襲の記録』くらいでした。『雲の墓標』に人間爆弾「桜花」のことが出ていました。地元のお年寄りに聞くと「聞いたことがない。作り話ではないか」と言われました。しかし、その後調べていくと、宇佐航空隊にはたくさんの人間爆弾「桜花」が格納されており、昭和20（１９４５）年3月18日には、宇佐から18機が最初の出撃をすることになっていました。この出撃は直前にアメリカ軍の空襲により中止となりましたが、その後も宇佐航空隊から「桜花」を抱いた一式陸上攻撃機が次々と鹿児島県の鹿屋（かのや）などに向けて出撃しました。『雲の墓標』は登場人物のほとんどが実名で、日時もほぼ正確です。当時のことを知るためのテキストのように読

阿川弘之さん講演風景

ませてもらいました。

宇佐航空隊への取り組みは、阿川弘之さんの『雲の墓標』により始まったといえることもあり、ぜひ、阿川さんに記念講演をお願いしたいという話になって、私がお願いの手紙を書くことになりました。ただ、阿川さんの住所が分からないのです。しかし、その頃はまだおおらかな時代で、用語辞典の『知恵蔵』に有名人の住所録がついていました。この阿川弘之さんの住所へ、誰の紹介もなく、厚かましくお願いの手紙を出したのです。

期待半ばでお返事を待っていると、同封した返信用のハガキが返って来ました。ただ後に知ったことですが、阿川さんの字は編集者の間でも個性的として有名で、阿川さん付の編集者で

展示室で記帳する阿川弘之さん

なければ読めなかったそうです。阿川さんからの返信ハガキを見て、講演会に来ていただけるのか、だめなのかが分からず、困ってしまいました。ハガキを拡大コピーして、みんなで1字ずつ、古文書を読むように読んでみると、忙しくて来れないとのことでした。

しかし、どうしても第1回は阿川さんにお願いしたいと戦争中、海軍主計だった平松守彦大分県知事に、海軍つながりでお願いしていただきました。その知事の依頼への返信は、「11月は正月号の締め切りが忙しくて行けない」とのこと。それでは「いつでもよいのでお越しいただきたい」と改めてお願いして、平成3（1991）年2月2日「宇佐細見、宇佐航空隊の世界」の催しが実現しました。

当日は1200席ある宇佐文化会館大ホールが満席となり、市民の方々の航空隊への関心の高さに驚かされました。阿川さんは「海軍の気風について」のテーマで、ユーモアの大切さを話されました。海軍軍人は「アングルバーでなく、フレキシブルワイヤーでないといけない」と口をすっぱくして言われていたとのことでした。「堅く柔軟性のないアングルバー、鉄の鋼材ではなく、フレキシブル、自由に柔軟に動く、ワイヤーロープのようでなければいけない」、つまり思考が柔軟でなければならない、とは今の時代でも同じように大切なことでしょう。阿川さんの作品をみると、海軍関係の著書とは別に、ユーモア溢れる作品が多くあります。阿川さんもユーモアの精神を大切にされていたのだろうと、改めて思いました。

講演録を『宇佐航空隊の世界Ⅲ』に掲載させていただきたいとお願いした折に、テープを起こした原稿を郵送したところ、朱のいっぱい入った原稿が返ってきました。「講演に手を入れるのは、原稿を書くより何倍も大変だった」とのお手紙が入っていました。講演の雰囲気を残した文章を書くことの大変さを改めて知りました。そして原稿料なしで掲載を許可していただき、感激しました。

阿川さんは、「瞬間湯沸かし器」といわれているとの人物評もあり、どんな方だろうと少々不安に思っていたのですが、スタッフにも気をつかっていただき、いわゆるジェントルマンという方は、こんな人をいうのだろうと感じました。帰りの空港でメンバーの一人一人に、『雲の墓標』の文庫本にサインをしていただきました。名前を記していただいたサイン本は、私の生涯の宝物の一つです。

「宇佐航空隊の世界」③
フォーラム「聞く、見る、語る、ふるさとの一時代」

「宇佐航空隊の世界」の催しでは、阿川弘之さんの記念講演に続いて、「聞く、見る、語る　ふるさとの一時代」をテーマに、フォーラムを開きました。パネラーには、宇佐航空隊が開隊する折の準備委員をしていた大重盛武（おおしげもりたけ）さん、宇佐航空隊の理事生だった椛田志津代（かばたしづよ）さん、『僕の町も戦場だった』の著者今戸公徳さん、そして駅川中学校で、宇佐航空隊の遺構調査や、掩体壕などの模型を生徒と一緒に制作した宮本哲さんです。

このフォーラムのパネラーには、体験者の方々はもちろんですが、学校の先生にもぜひ入ってもらいたいと思っていました。子どもたちに戦争の歴史を伝えるには、子どもたちと直（じか）に接する先生に、まず知ってもらいたいと思ったからです。個人的には、平和学習に熱心な先生方も知っていました。ただ、今回の催しには予科練の方など当時の航空隊関係の方々や、資料の調査などでお世話になった自衛隊別府駐屯地の柴田豊彦司令を始め、自衛隊関係の方々も参加される予定でした。その中でパネラーに出ていただく先生には、個人的にお願いするのではなく、「戦争の歴史を伝えるには、ぜひ先生方も参加していただきたい」と、教職員組合などにもお話をして、理解をしてもらった上で参加してもらいたいと思いました。そこで、駅川中学校で実際に生徒と航空隊や掩体壕などの調査をしていた、宮本哲先生を推薦していただきました。「右だ、左だ」というような政治的な話ではなく、宇佐航空隊の歴史を通して、戦争や平和について共に学ぶことができればと思ったのです。そして当日、多くの先生方に参加していただき、開催の趣旨は理解していただけたのではないかと思いました。

大重盛武さんは、宇佐航空隊の開隊準備委員をしていた方なので、宇佐航空隊の敷地の造成や兵舎の建設のことなど、宇佐航空隊の開隊以前からの話を聞かせてもらいました。一般の兵員は軍艦と同じ生活ということでハンモックで寝るのですが、飛行機の搭乗員の兵舎には寝台などもあり設備も立派だったとか、烹炊所（調理場）は1600人もの隊員の食事を作るので、大きな鍋や釜などがそろっていたなど、いろいろなお話を聞かせていただきました。特に航空隊の開隊式の様子や訓練の様子など、実際に立ち会われた方ならではの話は、とても貴重なものばかりでした。

大重さんからは、大切に保存してあった軍服や短剣なども提供していただき、航空隊の展示に使わせていただきました。活動を始めたばかりで、右も左も分からないような私たちでしたので、海軍のことや航空隊のことなど様々なアドバイスをいただきました。

椛田志津代さんは、宇佐航空隊の理事生でした。理事生の仕事は、航空隊の兵員の異動や戦況、各人の成績の上申など、司令部での事務処理です。それだけに、仕事がよくできることと共に、身元がしっかりしていることが重視されたそうです。確かに隊員の移動なども含めて、どの情報も軍の機密にあたることです。他に漏れると大変なことになりますから、身元も重要な要件だったのでしょう。それにしても300名ほど受験して、採用は15名ほどだったそうですから、相当に狭き門だったようです。

椛田さんは、ご主人が海軍の天山艦攻の操縦士で戦死されていたので、宇佐から特攻隊に出撃する人たちを見送る時も、ご主人と重ね合わせて特に思いが深かったようです。特攻出撃の折におにぎりを理事生で握ったことや、昭和20（1945）年3月18日や4月21日の宇佐航空隊の空襲の様子などをお話いただきました。特に駅館川東側の防空壕の中で、空襲で負傷した多くの人々を治療したこと、といっても薬剤もないので体をさすることぐらいしかできなかったこと、などのお話は、とても印象に残りました。

今戸公徳さんは、小学校6年生の頃、地元の新聞に「柳ヶ浦を中心に、大飛行場建設」

という新聞記事が出て、子どもたちの間で大変な話題になり、飛行場建設への期待が膨らんだそうです。そしてその後、本当に飛行場の建設が進み、昭和14（1939）年10月1日に宇佐航空隊の開隊式を迎えます。開隊式では、九六艦爆や九七艦攻等の飛行があり、子ども心にとても感動したとのことでした。その後学徒出陣で柳ヶ浦を離れ、終戦になり帰ってくると、あのはなやかだった宇佐航空隊は見る影もない無残な姿になっていたのです。今戸さんは戦後、仕事で宇佐を離れ、昭和38（1963）年に宇佐に帰って来てから、宇佐航空隊の様子を多くの人に取材して回り、『僕の町も戦場だった』を書きました。この著書は多くの関係者の方々の証言を基に書かれており、宇佐航空隊の貴重な記録になっています。当時でしか聞くことができなかったことも多く、記録することの大切さを改めて感じました。

宮本哲先生は駅川中学校で、3年生と駅館川東側の防空壕の調査や、掩体壕や航空隊の復元模型作り、糸口山の軍需工場の調査などをしました。そこで感じたことは、「子どもたちに平和の尊さを伝えていくには、自分で戦争の跡を歩き、自分の手で触れ、自分で感じ考えることが大切だ」ということでした。そのためにも資料の収集や、戦争の遺構を子どもたちのために残していくことが大切だと言われました。

この遺構の保存について今戸さんから、「宇佐神宮や富貴寺は、千年の歴史を伝えてくれている。掩体壕などの戦争遺構も、ぜひ千年後まで残るように考えてもらいたい」との発言がありました。当時、県の史跡として保存工事をした中世の山城、光岡城跡と同じように、「掩体壕も史跡として保存できないものか」と、司会の私から提案させてもらいました。当日は、宇佐市の渡辺孝教育長や、四井正昭（よついまさあき）宇佐市長も参加されていたので、会場から発言をいただきました。渡辺教育長から「今後、専門家の方やいろいろな人のご意見を聞きながら、保存が可能かを検討したい」との話があり、四井宇佐市長からは、「掩体壕も一つの歴史を物語るものだと思うので、なんとかこれを宇佐市のために保存していきたいと思っています」との言葉をいただきました。

今戸さんの「千年後まで掩体壕を残してもらいたい」との発言と、四井市長の「宇佐市のために保存していきたい」との発言により、「掩体壕を宇佐市の文化財として保存しよう」という、その後の宇佐航空隊への取り組みの方向が、このフォーラムから見えてきました。その意味でも、とても意義のある催しになりました。豊の国宇佐市塾での宇佐航空隊への取り組みでは、この「宇佐航空隊の世界」の催しが、本当の意味でのスタートになったと思います。

宇佐細見読本『宇佐航空隊の世界Ⅰ』①
本づくりに取り組む

宇佐航空隊の世界の催しに合わせて、宇佐細見読本③『宇佐航空隊の世界Ⅰ』を発刊しました。この本は宇佐市塾としては、『横光利一の世界』、『双葉山の世界』に続く、３冊目の本になります。この本の編集では、まず地元の体験者の方や元隊員の方などに呼びかけて、航空隊にまつわる手記を書いていただくようにお願いしました。手記としたのは、当時は関係者の方も多くいて、聞き取りだと「なぜ私のところに聞きに来ないのか」と言われそうでしたので、自身で書いたものを募集するということにしたのです。特に欲しいのは勤労奉仕で掩体壕作りをした人などの体験話でした。ところが、これがなかなか集まらないのです。それで知り合いの方に「掩体壕づくりのことを書いてもらえませんか」とお願いすると、「私だけが知っているなら書くのだけれど、周りのほとんどの人が体験しているとなので、なぜあなたが書くのか、と言われそうだ」というのです。しかし「今はほとんどの人が体験して知っていることでも、50年後には誰も知らないことになります

宇佐細見読本③『宇佐航空隊の世界Ⅰ』

から是非」、とお願いして書いてもらいました。また航空隊にいた隊員の方などは、戦友のことなど思いの深い方が多く、貴重な手記をたくさん寄せていただきました。

次々に集まってくる様子から、1冊の本には入りきれないような気がしたので、この本のタイトルを『宇佐航空隊の世界Ⅰ』としました。すると女性のメンバーから、「Ⅰって何、Ⅱも出すつもりなの」と言われました。本音は「Ⅰで終わるかもしれないが、もし次を出すことがあるといけないから、一応Ⅰをつけておこう」といったところでした。『宇佐航空隊の世界Ⅱ』が出せるかは分からなかったのですが、結果として現在までに『宇佐航空隊の世界』の本は、ⅠからⅤまで、5冊の本が出ています。これまで出した宇佐市塾の宇佐細見読本11冊のうち、5冊が航空隊の本です。それで宇佐市塾のことを、「宇佐航空隊研究グループ」と紹介するマスコミなどもあります。また事実、テレビや新聞などに出るのは、宇佐航空隊のことが大半なのですが、それでも宇佐市塾は、「郷土ゆかりの人物や歴史などを学んでいる、地域づくりグループ」で、宇佐航空隊の取り組みもその中の一つなのです。

宇佐市塾で本づくりに取り組んだのには、いくつかの理由がありますが、一番の理由は「継続」ということでした。宇佐市塾を始めた頃、いろいろな地域づくり団体を見て思ったことは、どうしてもこうした活動は情報が特定の個人に集まるということです。もちろん活動にとっては、何より情報が大切です。「この問題はどこの誰に聞いたらよいのか。こんな問題に取り組んでいる地域はないか」など、活動の方向を決める上でも大切です。そして、そうした情報は一生懸命活動している人に集まってきます。人脈も含めて、その人が一番詳しいということになります。それによってその会は活発になっていくのですが、その会が活動をやめると、その人や会の持っていた人脈や情報が、全て失われてしまいがちです。それでは地域の文化や歴史の掘り起こしに取り組んでも、その積み上げにはならないと思ったのです。現に私たちの前にも、航空隊や戦争の歴史に取り組んだ人たちは多くいました。今戸公徳さんや是恒義人さんのように書き物に残してくれた人たちからは、後の人も学ぶことができますが、それがないと一から人や情報を訪ねて回らなければなりません。実際私たちも宇佐航空隊への取り組みを始めた頃は、「犬も歩けば棒に当たる」と、やみくもに訪ねて回るしかなかったのです。そして江田島や防衛研究所をはじめ多くの場所を回り、いろいろな人を訪ねて、ようやく資料などに出会うことができました。しかし、これも活字に残さないと、次に同じ活動をしようと思う人は、また一から始めなければなりません。活字として残っていくことは、活動の継続という点からも、何より大切なことだと思ったのです。

こうしてゼロからスタートした「宇佐航空隊の世界」の取り組みも、現在5冊の本になっています。この本が残ると、次に宇佐航空隊のことを調べたり取り組みをしようと思う人は、ゼロから始めるのではなく、5冊の本をベースにしてスタートできます。そうすると、必ず5冊の内容に新たに積み上げをしていくことができます。そして調べたことを活字で残すと、また次の人にと、取り組みが受け継がれ深められて行くことでしょう。地域の歴史や文化も、こうして積み上げていくことによって、より深められ豊かになっていくのだと思うのです。

宇佐細見読本『宇佐航空隊の世界Ⅰ』②
本づくりにこだわったわけ

宇佐市塾の活動の中で本づくりにこだわってきた今ひとつの理由に、本づくりは少人数でもできるから、ということがあります。私たちが活動を始めた昭和62（1987）年頃は、地域づくり活動というと、様々なイベントの開催が中心でした。そうした活動は、新聞やテレビにも紹介され、ひいては地域の人の活力にもなると思います。ただ宇佐市塾は人数も少なく、援助してもらえる関係団体もなかったので、大きなイベントを開催することはできなかったのです。そこで「サラリーマンや主婦でもできる地域づくり」ということで、横光利一や双葉山などで学んできたことを、講演会やフォーラムで紹介したり、展示をして見てもらうなどの活動にしました。そして催しに合わせて、本を出版してきました。どの催しも、講演会、フォーラム、展示、本の出版という流れなので、新聞社の方から「もう少し面白い記事が書けるような、大きなことをやってくれないかな」などと、冗談を言われたこともあります。しかし愚直にというか、それしかできなかったので、「学ぶ、講演会、フォーラム、展示、そして本」にこだわってきました。これはやはり、宇佐市塾が力がなく大きなことができない団体だったせいだと思います。よく宇佐市塾のモットーはと聞かれた時に、「暗く、地味に」と冗談を含めて答えていました。しかし、身の丈に合わない大きなイベントを主催しても、長く続けることはできなかったことでしょう。

『航空隊の世界Ⅰ』から『宇佐航空隊の世界Ⅲ』までは、松木郁夫さんが編集長をしてくれました。編集長といってもほとんど一人で、原稿の整理から写真の割り付けや印刷所との交渉まで、それこそ一手に引き受けてくれて大変だったと思います。正月も作業の部屋にこもって編集に取り組んでいる松木さんに、私がドリンクを差し入れたこともありました。ただ本はその意味でも、少人数で作ることができるのです。そして苦労した編集長にとっては、「この本は、私の仕事だ」といえるものになると思います。ずっと後になって、子どもや孫に向かって「この本は私が作ったのだ」と語ることができるのは、楽しいことだと思います。一村一品運動の「世界に誇れる一品を作ろう」という合言葉風にいえば、世界とまではいわなくても、『航空隊の世界』の本も、地域に誇れる一品だと思います。それも、長く続く一品になって欲しいと思っています。

　それぞれ本の編集長は、大変な苦労をしました。しかし、長い人生の中で仕事以外のこうした体験は、思い出深いひと時となるのではないでしょうか。本を編集したことで苦労もしたけれど、人生の中でのよい思い出にもなった。そしてただ苦労しただけではなく、活動の中で一番苦労した人が、一番多く学ぶことができるのだとも思います。

「地域づくりは人づくり」といわれます。一村一品運動も、まさにその運動でした。しかし、人づくりは誰か有能な人を育てようというだけではなく、自らが活動の中から学んでいくことが大切だと思うのです。それで「地域づくりは人づくり」にとどまらず、今一つ「人づくりは自分づくり」を加えることが必要でしょう。地域づくり活動によって、それぞれが自分を育てること。そうして育った多くの人の住んでいる地域こそ、素晴らしい地域になると思うのです。

宇佐細見読本『宇佐航空隊の世界Ⅰ』③
アメリカ軍行動報告書

本作りの中で、様々な資料が集まりました。中でも、アメリカから届いた資料は、私たちが思いもしなかったものでした。それは昭和20（１９４５）年4月21日の、アメリカ軍B29爆撃機による宇佐航空隊空襲の報告書です。この日の空襲は、3月18日の艦載機による空襲に次いで宇佐航空隊では2度目で、B29では初めての空襲でした。この空襲で航空隊の関係者だけでも３２０人が亡くなったとの記録があるので、近隣の人々を含めると、もっと多くの人が亡くなったことでしょう。その時のアメリカ軍の報告書なのです。

この報告書を送ってくれたのは、以前宇佐の英会話教室の先生として来日していた、ニューヨーク出身のジャーシュ・ファーレルさんでした。この英会話教室は、宇佐市四日市の安部敏雄さんが経営していた宇佐イングリッシュ・センターで行われていました。また、私も安部さんとのご縁で、数人と共に教覚寺で英会話を習っていました。気さくな人で、皆「ジャーシュ」と呼んでいました。私も後にハワイに行くことがあると分かって

アメリカ軍行動報告書

いたら、今少し熱心に英会話を学んでいたと思いますが、当時はあまり熱意もなくて、ジャーシュさんからすると、困った生徒だったことでしょう。それでもアメリカに帰国の折に安部さんを通して、「戦争中の資料が手に入ったら送ってほしい」とお願いしていたのです。ジャーシュさんも私たちの活動を気にかけていろいろと探してくれて、帰国から2年ほど経って資料が届きました。それはアラバマの空軍資料センターにあった、宇佐航空隊空襲の資料でした。

この資料には、宇佐での空襲の聞き取り調査では知ることのできなかったことが、たくさん書かれていました。宇佐を空襲したＢ29は、マリアナ基地を発進した30機で、搭乗員は３４９人、宇佐では２５０キロ爆弾を５４５個、１３６・２トンを投下したことや、投下した爆弾の半分は時限爆弾で、１時間から36時間にセットされていたことなどが書かれていました。この時限爆弾は、爆発するまで近づくことができないので長い間、飛行場などの機能が止まって困った、という話を複数の人から聞いていました。この日の空襲の被害は大きく、格納庫や兵舎なども爆撃を受け大破したり炎上し、その後司令部などは駅館川の東岸に掘った防空壕の中に移りました。空襲で亡くなった人を駅館川の河原で火葬にしたことなど、この日のことは多くの人が手記に書いています。三州国民学校（現在の柳ヶ浦小学校）も直撃弾を受け校舎が壊れ、学校に宿泊していた航空隊関係者が多数亡くなっています。また蓮光寺も本堂や庫裡が全壊して、寺の西側の民家の防空壕に入っていた人が10人も亡くなっています。多くの商店や住宅なども被災しました。

この日の空襲前に、アメリカ軍は偵察機で宇佐航空隊のことを調べていたようで、「宇佐航空隊は高射砲などの対空力が劣っているので、３６００メートル位の高度で飛行してもよい。宇佐航空隊には飛行機が55機いる。また他に使用されていない飛行機が9機あり、そのうちの8機は模擬機と思われる」などと書かれていました。この模擬機は、別府から竹を運んできて実物と同じ大きさの飛行機模型を作り、掩体壕などに入れていたものです。アメリカ軍に弾の無駄遣いをさせるのが目的だったといわれていますが、すでにアメリカ軍には知られていたようです。また当日は戦果確認のための飛行機がいたようで、宇佐航空隊の19機の飛行機を破壊したこと、エプロンに20個の直撃弾による穴ができたこと、しかし滑走路は、長さ900メートル、幅44メートルの使用が可能なことなども書かれていました。また何より驚いたのは、マリアナ基地から宇佐までの天候や、雲の高さなどを記した気象図や、飛行機が被弾したり故障した折に救助するための船や潜水艦の待機している配置図などもあったことです。現在では、アメリカの国立公文書館をはじめ、多くのアメリカ軍資料を手にすることができますが、当時は初めて見る資料で、とても感激したことを思い出します。

「宇佐航空隊の世界Ⅱ」須崎勝彌さんの講演

須崎勝彌（すさきかつや）さんは、映画「連合艦隊」や「人間魚雷回天」などのシナリオを書いた方です。海軍関係の作品も多いのですが、山口百恵主演の「潮騒」のシナリオなども手がけています。戦時中は小説『雲の墓標』の主人公たちと同じ予備学生14期生で、宇佐航空隊から特攻出撃をした同期の人たちを、たくさん見送っています。その頃のことを話してもらいたいと、平成4（1992）年11月「宇佐航空隊の世界Ⅱ」の催しでお話をしていただきました。演題は「在りし日の若者たち」。宇佐航空隊で出会った人々の思い出を話していただきました。

昭和19（1944）年9月、須崎さんは鹿児島の出水（いずみ）航空隊から宇佐航空隊に赴任し、最初に指導官の野中茂雄中尉から「この飛行場はかつて宇佐神宮に奉納する神饌米（しんせんまい）がとれた上等の田んぼだった。その美田をぶっ潰して飛行場にするなんて、もったいねえ話だよな」と言われたそうです。野中中尉の言われたように、宇佐航空隊の作られた場所は、以前は辛島田んぼと呼ばれていて、奈良時代に宇佐神宮の辛島氏が開いた田んぼだったので

須崎勝彌さん

す。戦時中の航空写真を見ると、飛行場の外側には奈良時代の条里制遺構を見ることができます。宇佐で最も早く開墾された美田だったのです。「この大地こそ、我々が守ろうとしている祖国の土だ」と須崎さんは思ったとのことでした。

須崎さんが思い出す人の一人堀之内久俊さんは、特攻出撃前に振袖人形を抱いた写真を残しています。この人形は長洲医院の中川実先生のお宅に飾ってあったもので、出撃に際し先生が堀之内さんに贈られたとのことです。恋人もいなかった堀之内さんは、この振袖人形と共に出撃したのです。その堀之内さんは須崎さんに、「あなたはNちゃんをお嫁さんにして、幸せに暮らしてください」と言われたそうです。須崎さんに、自分たちの犠牲の上で幸せな家庭を築き平和に暮らして欲しい、と言いたかったのでしょう。先に出撃した人から「俺の後に続いてくれ」ではなく、「後に続かないことを願う」と言われたというこのお話は、とても心に残りました。

22歳の若者が国のためとはいえ、特攻出撃して死なないといけない状況になったら、その人の心の動揺はどれほどだったろうかと思います。私がその状況に置かれたらと、人形を抱いて微笑んでいる堀之内さんのその時の気持ちを考えてしまいました。

早稲田大学の相撲部の主将をしていた村瀬実さんは、宇佐航空隊の相撲大会で、海軍兵学校出身者を破り、予備学生が優勝するのに貢献した一番の立役者でした。いつも威張っている海軍兵学校出身者に勝って、予備学生の人たちは留飲を下げたのでした。この村瀬さんについては後日、村瀬さんが出征の折に双葉山をはじめ多くの相撲関係者が署名した「寄せ書き」を、宇佐市塾の藤原耕さんがオークションで入手しました。多くの力士の署名があるだけでも貴重なものなので、この寄せ書きが宇佐に来たのも宇佐航空隊のご縁でしょう。特攻出撃というゆかりの場所に寄せ書きが収まり、村瀬さんも喜んでくれているだろうと思います。

須崎さんは、「なぜ幕末維新の志士たちが歴史的に評価され、特別攻撃隊として同じく国に殉じた青年は評価されていないのか」と話されました。明治維新も再評価が必要だといわれますが、太平洋戦争についても、きちんと歴史的事実を踏まえての再評価が必要だと思います。そのためには資料等を集め、歴史の学びの場として資料館があることが大切だと思います。

平成13（2001）年9月11日のアメリカでの同時多発テロ事件は、世界中を震撼させました。ニューヨークのトレーディングビルに突っ込む旅客機の映像が、繰り返しテレビで放映されました。アメリカの放送では、そのテロ行為を「カミカゼアタック」と呼ぶところもありました。自分の命を犠牲にして突入する様子に、神風特別攻撃隊を連想したのでしょう。しかしその表現には、私はとても違和感をおぼえました。神風特攻隊は、航空母艦や戦艦などの軍事目標に向かって攻撃をしたもので、多数の一般市民を犠牲にするテロとはまったく別のことだと思ったからです。

その「カミカゼアタック」の表現に、須崎さんはとても怒っていました。テロと、一命を賭しての特攻とを一緒にしないでもらいたい、そんな気持ちだったと思います。後日、そのことを訴えたいと、『カミカゼの真実―特攻隊はテロではない―』という本を出版されました。本を送っていただいた折にも、「どうして分かってもらえないのだろう」というもどかしさにも似た気持ちが溢れていました。その本で須崎さんは、自身の身近にいた特攻隊員の一人一人の様子を描くことで、テロとの違いを知ってもらいたいと書かれていました。

特攻隊の人々について、美化して語る人たちもいます。また、特攻を洗脳であり愚かなことだったという人たちもいます。それはそれぞれの人の考え方といえましょう。ただ美化するにしても、愚かな行為だというにしても、歴史的背景を含め、特攻隊の人たちの生きざま、死にざまをきちんと知って、その上で特攻隊をどう評価するかは、それぞれの人の判断でしょう。しかし、しっかりと学ばずに美化したり、貶（おとし）めたりしてはいけないと思うのです。

亡くなった特攻隊の人たちが願っているのは、敬われることでも、貶められることでもなく、事実をきちんと知ってもらいたい、その上で考えてもらいたいということではないでしょうか。まずはきちんと事実を学ぶこと。それがすべての始まりだと思うのです。須崎さんが『カミカゼの真実』で伝えたいと思っていたことも、「あった事実をきちんと知ってほしい」ということでしょう。歴史を学ぶことの大切さを、改めて感じました。

これまで宇佐航空隊の取り組みを続けてこられたのは、須崎さんはもちろんのこと、宇佐航空隊に関わった多くの方々の、温かいご協力があったからこそです。そしてそのご協力は、特攻隊や空襲等で亡くなった方々のこと、そして宇佐航空隊の歴史について、記録して残す活動をしていることに対してでしょう。そう考えると、宇佐航空隊の歴史、練習航空隊だったことや特攻出撃のこと、空襲や終戦までのあゆみなどを、きちんと記録して展示する宇佐市平和資料館の役割は重要でしょう。社会見学や教育旅行の児童、生徒はもちろんのこと、戦争を知らない世代の大人の人にも、学びと伝唱の場としての宇佐市平和資料館の展示が、より充実することを願っています。

以前須崎さんからいただいた葉書に、「昔も今も、宇佐の人はハートナイスだ」とありました。これは、航空隊当時も、宇佐の人々には優しくしてもらった、そして今も昔のことを忘れず、亡くなった人たちのことも思い出してくれている、との感謝の言葉だったのでしょう。「昔も今も、宇佐の人はハートナイスだ」の言葉を心に刻みたいと思います。「ハートナイス」な宇佐でありたい。他所から来た人も、ご縁のあった人たちも大切にする、心優しい宇佐、そんな宇佐でありたいと思うのです。

忘れ得ぬトロイメライ① ピアノを弾いた野村茂さん

女房の実家、豊後高田市水崎の西光寺の降誕会法要の折だったと思います。ご門徒の蜷木生治さんにお会いしました。蜷木さんは宇佐市の小学校の校長先生をされていた方です。その蜷木さんから、戦争中のお話をいろいろ聞かせていただいたのですが、その中で、とても印象に残った話がありました。

昭和20（1945）年に長洲国民学校（現在の長洲小学校）に教員で勤務していた時に、特攻隊の人と思われる青年が学校を訪ねてきました。用件は「明日、出撃するので、最後の思い出にピアノを弾かせてもらいたい」とのことでした。さっそく講堂に案内して、ピアノを弾いてもらいました。横で聞かせてもらうと、とても素晴らしい演奏でした。蜷木さんは「きっと音楽大学出身の人に違いない」と思ったそうです。譜面もなく演奏するのがあまりに素晴らしいので、「私はシューマンの「トロイメライ」が好きなのですが、弾いていただけないでしょうか」とお願いしたそうです。すると「私の母も好きな曲で、家でよく弾きました」とのことで、これも譜面もないのに素晴らしい演奏を聞かせてくれた

野村茂さん

そうです。
　その後もしばらくいろいろな曲を弾き、最後に「海ゆかば」を弾いて、「ありがとうございました」と挨拶をされて帰られたとのことです。ただ蜷木さんは、その青年の別れるときの言葉がとても不思議で、今でも分からないと言われました。それは「ありがとうございました。これで心置きなく出撃できます。しかし、万に一つでももし帰れたら、また弾かせてください」との言葉でした。「確かに特攻隊の人だと思うのですが、特攻隊の人だったら、万に一つでも帰るはずはないので、不思議でならない」と言われるのです。
　その言葉を聞いたとき私は、「その人はきっと神雷部隊の方だろう」と思いました。神雷部隊は、一式陸上攻撃機が人間爆弾「桜花」を吊るして出撃し、アメリカ軍の艦船が見つかると、上空で「桜花」を投下します。「桜花」に搭乗している人は、必ず亡くなりますが、一式陸上攻撃機の方は、その後は基地に帰還します。ただ護衛の零戦などの戦闘機が少なかったので、一式陸上攻撃機の方もほとんど、アメリカ軍の戦闘機に落とされていました。それで、一式陸上攻撃機の搭乗員も特攻隊と同じ気持ちだったのでしょう。しかし、運よくアメリカ軍機の追撃を逃れることができたら、万に一つでも帰還できる可能性はあるのです。青年が「万に一つでも帰れたら、また弾かせてください」と言ったのは、彼が一式陸上攻撃機の搭乗員だったからだと思ったのです。

蜷木さんは、「とても立派な方で、まるで平敦盛のようでした」と言われました。「蜷木先生は、平敦盛さんと知り合いでしたか」と笑ったのですが、その方がよほど凛々しく、若武者のように感じられたのでしょう。家族のことを聞くと「出身は鹿児島で、父は銀行員。音楽好きで、妹や弟と家族で演奏会のようなことをしていた」とのことでした。これを聞いて、ぜひこの青年を探してみたいと思いました。「鹿児島出身の一式陸上攻撃機の搭乗員で、お父さんは銀行員。ピアノが得意」となれば、この青年が誰か、分かるのではないかと思ったのです。ただ意外に情報は得られず、新聞社などにお願いして、探してもらうことにしました。もっとも、新聞などに人探しのお願いもできないので、「このピアノを弾いて出撃した」という話を劇にして上演して、それを記事にしてもらい、「この主人公をご存じの方はいませんか」と呼びかけてもらおうと思い立ったのです。そこで地元の市民劇団「うさ戯小屋」の代表、中園明広さんにお願いして、「忘れ得ぬトロイメライ」という劇を上演してもらいました。これは塾生だった畠純子さんの取材をもとに、同じく塾生だった松木郁夫さんが脚本を担当しました。

忘れ得ぬトロイメライ② 劇の上演とその後

「うさ戯小屋」は、それまで何度も宇佐で公演をしてきた劇団ですが、戦争中の海軍軍人さんが主人公の話となると、考証も含めて大変でした。まず軍服や戦闘帽は、複製を作っているところから購入することにしました。そこで問題になったのは、主人公の階級です。音楽大学を出ているなら予備学生だろう。それなら少尉にはなっているはずだと、襟章は議論を重ねて少尉にしました。ところが実際の公演では、舞台上の主人公は襟章などついているかさえ分かりませんでした。靴は元予科練の小野多守（おのたもる）さんが持っていたものをお借りして、学校の先生の服などは、農作業用の用品を売っていた時枝地区のお店で、モンぺなどを購入しました。

また敬礼の方法も、海軍式と陸軍式とが違うと予科練の方からの指摘で、脇を締めての海軍式の敬礼にしました。もっと驚いたのは、主人公が演奏を終えて、最後にお礼を言って帰るシーンでした。「ありがとうございました」と言って敬礼して立ち去ることになっていて、ここは一番の見所なのです。そこで敬礼をすると、「帽子をかぶっていないときは、敬礼はしない。頭を下げる」と言われたのです。軍人さんの挨拶は敬礼と思っていた私たちは、帽子をかぶっている時は帽子を取らずに敬礼して、帽子をかぶっていない時は、お礼をすることも初めて知りました。何もかも初めてのことばかりで、驚きの連続での稽古でした。

20分程の短い劇で、3分の1はピアノの演奏といった内容の劇でした。それでも当日は、実話ということもあったのでしょうが、とても感動したとの声を多くいただきました。特に、主人公を演じた大門伸一郎さんのピアノが素晴らしかった、とほめていただきました。

大門さんは劇団の人ではなかったのですが、音楽演奏が得意ということで、お願いして出演していただいたのです。ただ、ピアノは専門ではなかったので、トロイメライのピアノ演奏はできませんでした。それでピアノの先生に演奏を録音していただき、それを会場に流し、大門さんがピアノを弾いているのは演技だったのです。それでも気づいたのは、新聞記者の方が一人だけでした。この方は舞台の袖から演奏風景を写真に撮ろうとしたら、ピアノの蓋が閉じていたので驚いたそうです。大門さんは一生懸命曲を聞いて、それに合わせて演奏する稽古をしたそうです。当日は、演奏に合わせて演じていたとはとても思え

劇団うさ戯小屋の劇「忘れ得ぬトロイメライ」の一コマ

ない、素晴らしい演技でした。

この劇の反響は大きく、練習の頃より各新聞社で記事にしていただきました。そして、催しの前日に出た朝日新聞の記事を見て、宮崎の松浦元二郎さんから「同僚の野村茂さんに違いない」とご連絡をいただきました。私はなぜか、その方がそれまで生きておられる気がしていたのですが、残念ながら亡くなっていました。しかし、以前私が予想した通り、神雷部隊のそれも一式陸上攻撃機の搭乗員の方でした。

平成４（１９９２）年11月21日の催し当日の大分合同新聞に、「出撃前にピアノを弾いた特攻隊員　戦死していた　鎮魂の公演に」との見出しで、大きく報じられました。

するとその記事を見た杵築（きつき）の杉山真喜子さんか

野村茂さんの短冊

ら、「私は野村さんの写真と書の短冊を持っている」と連絡がありました。すぐにメンバーが迎えに行き、催しに参加していただきました。写真などをお持ちの理由をお聞きして、また驚きました。

杉山さんと野村さんの出会いは、野村さんが別府の海軍病院に入院していた時に、杉山さんたちがお見舞いに行ったのがきっかけだったそうです。後に海地獄などへ散歩に行くのに同行して、写真はその海地獄で撮られました。その後、野村さんは桜花の部隊で出撃することになり、杉山さんの留守中にお宅を訪ねて、写真と短冊を娘さんに渡して欲しいと、お母さんに預けて帰ったそうです。

お母さんは、野村さんの様子を見て、きっと特攻隊の人だろうと思い、もしも娘と恋仲だったらと考えたようです。この写真と短冊を見て、娘が野村さんのことをいつまでも忘れられずにいて、私は結婚しないなどと言ったらいけないと思って、お母さんは野村さんが訪ねて来たことを杉山さんには黙っていました。

戦後もずっと後になって、結婚していた杉山さんに、「実は戦争中に野村さんが訪ねて来て、あなたに渡してほしいと、写真と短冊を預かったの。でも、これを見ていつまでも野村さんのことが忘れられず、結婚しないなどと言ったらいけないので、黙っていたのだけれど、私も先が長くないだろうから」と、写真と短冊を杉山さんに渡されたそうです。「私は慰問に行っただけで、特に恋心などもなかったのですが、母が誤解していたのです」と話されました。野村さんも特に恋心はなくても、死ぬ前に自分の存在していたことを、誰かに覚えておいてほしくて、写真と短冊を預けたのだろうと思います。死を前にした二十歳前の野村さんの気持ちを考えると、なんともやるせない気持ちになりました。

忘れ得ぬトロイメライ③　映画「月光の夏」とのジョイント公演

トロイメライの公演から半年程して、映画「月光の夏」がマスコミ等で話題になりました。この映画は佐賀にあった陸軍の目達原飛行場から特攻に行った方の話です。鳥栖国民学校に陸軍の特攻隊員の人が訪ねて来て、最後の思い出にピアノを弾かせてもらいたいとお願いして、ベートーヴェンの「月光」の曲を弾いて出撃したという実話を映画化したものです。これは、私たちが上演した「忘れ得ぬトロイメライ」とそっくりの話でした。弾いた曲が、「トロイメライ」と「月光」との違いで、どちらも主人公が最後に弾いた曲は、「海ゆかば」でした。

この映画を見たとき、先に「トロイメライ」の劇を上演していなかったら、「月光の夏」をまねて作ったと思われそうで、とても「トロイメライ」の上演はできなかっただろうと思いました。それくらいよく似た話だったのです。特攻出撃が決まり、死を目前にした人は、同じような心境になるということでしょうか。どちらも実際にあった話ですから、内容が似ていても問題はないと思うのですが、やはり「トロイメライ」の上演が、映画の封切り前でよかったと思いました。まねたのではないかといわれると、主人公の野村茂さんにも申し訳ないように思ったのです。

まねたと思われて嫌だと思ったことについては、一つ苦い思い出があります。それはちょうど終戦から50年の年を前に、宇佐で特攻だけでなく、空襲などで亡くなった人たちも調べて、碑に刻もうという計画を立てた時のことでした。そのための調査を始めたばかりの頃に、沖縄での「平和の礎（いしじ）」のニュースが飛び込んできたのです。それは沖縄戦で亡くなった人たちを調べて、その人たちの名前を刻んだ碑を作ろうという計画でした。もちろん沖縄では多くの人が亡くなり、それをきちんと残すことは大切なことです。沖縄での死者は膨大で、調査も大変な規模になると思われました。しかし、宇佐で亡くなったと思われる500人程の人々の名前を調べ残すことも、大切なことだと思いました。

とはいえ、当時はなんとなくまねをしたと思われるのは嫌だという声で、調査をやめてしまいました。あの時に調査をしていれば、まだ関係者が多くご存命でしたから、もっと多数の方々の名前が分かったと思うのですが、今となっては名前もわずかしか分かりません。やはりやるべきことは、まねたといわれようが、やるべきだったんだと今は少し後悔をしています。若気の至りというか、やはりせっかくやるなら少しは評価してもらいたいという気持ちもあったのでしょう。それにしても、残念なことをしました。

そんなこともあったので、今回は「忘れ得ぬトロイメライ」の劇の上演と、「月光の夏」の上映を、ジョイントして、一緒に見てもらうことにしました。ただ封切り後あまり時が経っていない関係で、映画「月光の夏」は無料というわけにはいかず、豊の国宇佐市塾で取り組む催しとしては、初めて有料での開催をすることになりました。

企画段階では、この催しにはメンバーから反対の声もありました。一億円以上の多額のお金をかけて制作した「月光の夏」の映画と、経費もわずかで、地元の劇団の演じる20分足らずの劇「忘れ得ぬトロイメライ」では、あまりに違いすぎるのではないかというのです。しかし私は、実際にあった話に取材した「忘れ得ぬトロイメライ」の劇も、決して映画「月光の夏」に劣ることはないと思っていました。本当にあった話には、人の心を動かす力がある。そして生の演劇には、映画とは別の訴える力があると思っていました。そして事実、当日の上演と上映会は大変な反響で、皆さんとても感動したと言っていただきました。その折、「映画もすばらしかったが、劇にもとても感動した。涙が止まらなかった」という声もたくさんいただき、やはりやってよかったと思いました。

忘れ得ぬトロイメライ④　トロイメライの残したもの

大変な反響をいただいた劇「忘れ得ぬトロイメライ」と映画「月光の夏」の上演、上映会でしたが、その後思いがけない出来事がありました。それは当日、多くの方に参加していただいたおかげで、30万円ほどの益金が出たのです。そこでこのお金を、宇佐航空隊の遺構などの保存に使ってもらおうと、宇佐市に寄付することになりました。ところが、航空隊の遺構などの保存のために使ってくださいというような目的をもった寄付は、指定寄付といって、受け取るためには宇佐市議会の同意が必要というのです。難しいことは分かりませんがよろしくお願いしますと、当時の教育委員会の文化財係にお願いしました。その後、市では「宇佐航空隊遺構等保存基金条例」という条例を市議会に諮って作り、30万円は無事受け取ってもらうことができました。

条例に基づく基金ができたことで、その後の航空隊関連の寄付も、この基金に受け入れてもらえるようになりました。この基金が後に果たした役割は、とても大きかったと思います。それは、いくら善意の市民団体といっても、寄付をしてくれる方からすると、「はたしてちゃんと使ってもらえるのだろうか、運営費などに流用されてはいないだろうか」など、不安を持つ方がいると思われるためです。その点、市役所が窓口ということになると、信頼性ということではここが一番でしょう。その意味でも、市役所や市議会で条例を作っていただいたことは、とてもありがたいことでした。おかげでその後、航空隊のモニュメント作りなどの際も、この基金に寄付をお願いすることができました。

劇を上演して今一つの思いがけない出来事は、主人公の野村茂さんのお母さんである野村静江さん、そして茂さんのお姉さん、弟さん、妹さんに、4人で宇佐を訪れていただけたことです。この時、静江さんは92歳でした。茂さんが出撃前にピアノを弾いた長洲小学校にご案内しました。その長洲小学校に登る石段のところで、「茂もこの石段を登ったのでしょうね」とお母さんが言われた時には、同じ石段が全く違って見えました。お母さんには出撃前日、その石段を登る息子の姿が見えていたのだと思いました。

その後、宇佐文化会館で今度は観客4人だけで「忘れ得ぬトロイメライ」の劇を見ていただきました。この時は主役の大門さんの都合がつかず、やはり市内の北馬城劇団で活動されていた国東量（りょう）さんに、野村茂さん役をしてもらいました。この時の劇も素晴らしく、家族の皆さんには、とても喜んでいただきました。「戦争でたくさんの方々が亡くなったのですが、50年以上も経って、こうして茂の名前を思い出していただけるだけでありがたいことです」とお母さんが言われたのを聞いて、改めて航空隊の歴史に取り組むことの大切さを思いました。

太平洋戦争では、３２０万人もの人々が亡くなったといわれています。その一人一人には皆さん家族がいて、友人がいたことでしょう。そしてその方々にとって、亡くなった方は大切な人だったことでしょう。それを思うと、戦争で亡くなった人々を、数だけで考えてはいけない、全ての人に思いを致すことはできなくても、亡くなった一人一人の方が、家族や友人に囲まれ、二度とない人生を生きていた人たちなのだと知ることは、大切なことだと思いました。

夜、食事をしながら、野村茂さんの思い出話を聞かせていただきました。一家みんな音楽が好きで、ピアノやバイオリンや木琴などで、よくホームコンサートをしていたこと。戦争が激しくなって、京都で銀行員をしていたお父さんが、京都が空襲を受けるかもしれないと、故郷の鹿児島に疎開をしたこと。そしてその鹿児島の中学校で予科練に志願して、宇佐航空隊から神雷部隊で出撃して亡くなったことなど、思い出をいろいろ聞かせていただきました。そのお話を聞かせていただきながら、人生とは本当に分からないものだと思いました。京都にいたら、予科練に志願しなかったら、死ななくてもよかったかもしれません。しかし、それはその後になって思うことで、当時としては真剣に考え、選択した結果のことでしょう。それにしても、もし戦争がなかったら、野村茂さんは音楽学校に進まれていたのだろうかなど、いろいろ考えてしまいました。

城井一号掩体壕の宇佐市史跡指定と史跡公園化

城井一号掩体壕などの宇佐航空隊の遺構は、戦争遺跡として大変貴重なものなので、なんとか保存できないものかと思っていました。しかし、よいアイデアがなかなか出ません。そんな折、演劇「忘れ得ぬトロイメライ」と映画「月光の夏」のジョイント公演に、思いのほか多くの方に参加してもらえて、益金が30万円も出ました。そこで、宇佐市にこの益金を「航空隊の遺構等の保存に使っていただきたい」と寄付しました。宇佐市はその寄付金を受け取るために、平成５（１９９３）年11月に「宇佐航空隊史跡等保存基金条例」を制定しました。この条例制定を機に、四井正昭宇佐市長を会長として「宇佐航空隊史跡等保存事業検討委員会」も作られました。この委員会の目的は、資料の作成や、遺構の保存事業の基本構想を作ること等を検討することでした。

そして平成７（１９９５）年3月、宇佐市教育委員会は、終戦から50年に当たる平成7年を「平和元年」として、航空隊の遺構等の保存を進めていくことを決定しました。宇佐市文化財調査委員会（和田昇委員長）の答申を受け、その第1号として城井一号掩体壕を宇佐市の史跡に指定して保存することになりました。こうして、平成7年3月28日の教育委員会で、城井一号掩体壕が宇佐市の史跡（文化財）に正式に指定されました。昭和の戦争遺跡の文化財指定は、沖縄南風原（はえばる）町のひめゆり部隊ゆかりの陸軍の病院の防空壕に次いで、全国で2番目の指定となります。宇佐の掩体壕は、広島の原爆ドームの文化財指定より1年早い指定なのです。

宇佐市は、昭和51（1976）年に「文化財保護宣言都市」を全国に先駆けて宣言したように、文化財保護の分野では全国でも先進的な市です。それで、戦争遺跡の文化財指定も早かったのでしょう。

ただ、城井一号掩体壕を見学に来た方々に「この掩体壕は、広島の原爆ドームより1年早く史跡（文化財）の指定を受けて、保存してきた物です」と説明するのですが、あまり感動してもらえません。「だからなんですか」と言われることもあるくらいです。それでも、全国に先駆けて戦争遺跡の保存に取り組んできた宇佐市文化財係があったおかげで、掩体壕も保存することができたのだと思います。

掩体壕が宇佐市の史跡（文化財）に指定されたことを機に、宇佐市塾としても、掩体壕の周辺を整備して史跡公園にするための応援をしたい、ということになりました。それで、

城井一号掩体壕

「トロイメライ」の際にできた「宇佐航空隊史跡等保存基金」を使って、城井一号掩体壕の保存を応援しようということになりました。具体的には、掩体壕周辺を史跡公園化するために土地を買い上げるお金として、1坪1万円分の寄付を募るのです。

そうやって集まったお金で周りの田んぼを買い上げて、史跡公園として保存してもらおうというものでした。「形のあるものを残すことで、戦争の歴史を次代に語り継いでいこう」という合言葉のもとに、全国の元航空隊員の人々や、そのご遺族の方など300人程にお願いの文書を送らせてもらいました。ただ、ちょうど宇佐市では双葉山の記念館建設の寄付をしていたので、宇佐市内では寄付をしないという条件がありました。

正直なところ、そんなに寄付が集まるとは思えなかったので、かなり息長く続けていかなければならないだろうと思っていました。しかし、いざ始めてみると、続々と寄付の申し込みがありました。

寄付の第1号は、劇「忘れ得ぬトロイメライ」の主人公、野村茂さんのお母さん、野村静江さんでした。当時94歳でしたが、四井正昭宇佐市長に、宇佐航空隊の保存と整備に使ってくださいと、10万円を寄付していただきました。また、戦友会などで講演させてもらう機会があった折などに一坪運動の話をさせてもらうと、「ぜひ寄付させてほしい」という声が結構ありました。一度は、参加者の方が周りの人にお金を貸してくれと言って、その場で借りたお金で10万円寄付をしてくれたこともありました。

また、他の町の町会議員さんから、ぜひ寄付をしたいと10万円いただいたこともありました。議員さんの寄付は公職選挙法に抵触するのではないかと思ったのですが、宇佐市民ではないので問題ないだろうとご本人から言われて、ありがたくちょうだいしました。最終的に、全国の航空隊関係者――といっても私たちにご縁のあった方たちですが――から集まったのは、200万円程でした。しかし、それがきっかけとなり、城井一号掩体壕の史跡公園化が動き始めました。

　何より大きかったのは、文化財係の小倉正五さんから、「文化財周辺整備事業」という補助金があるので、それを使って保存しようと言っていただいたことです。この補助金がなかったら、とても今のように史跡公園として掩体壕を残すことはできなかったと思います。その補助金を使って1060坪程を購入し、ようやく史跡公園としての保存ができました。私たちの集めたお金はほんの少しでしたが、それでも公園化のお役に立てたのは、全国の航空隊関係者の方々の熱い思いがまだ残っている時だったからだと思います。

　平成10（1998）年3月、城井一号掩体壕を中心とした、史跡公園としての整備が完了しました。その後、ここには修学旅行等で多くの方が訪れてくれるようになりました。次第に体験者の方が減っていく中で、掩体壕は戦争の歴史を語り継いでくれる大切な施設です。ここを多くの人が訪れ、掩体壕の語る言葉に、耳を傾けてもらいたいと願っています。

　これまで、全国の戦争遺跡の保存運動に関わっている方々と話す機会があって感じたことは、宇佐市は他の市町村に比べて戦争遺構の保存などに、とても熱意があるということです。それは、このまちに、歴史の証人としての遺構を残して行くことが大切だという風土ができていたことが大きいのではないかと思います。戦争の遺跡を文化財として保存し、戦争遺構そのものに語ってもらうことで、私たちは平和についてより深く考えることができます。

それにしても、行政が前向きに取り組まなければ、こうした保存は進みません。他所ではむしろ、行政と民間が対立している例を多くみるだけに、宇佐市の積極的な行政の姿勢は、全国的にも希少なのではないかと思っています。

「宇佐航空隊の世界Ⅲ」鈴木英夫さんの講演

鈴木英夫さんには、平成7（1995）年4月の豊の国宇佐市塾での催しで講演をしていただきました。そのきっかけは、日本経済新聞大分支局長の平木協夫さんでした。平木支局長との出会いはよく思い出せないのですが、なんとなく馬が合って、大分市に出る機会があると、居酒屋で一杯やるような仲でした。一度、最終電車に乗り遅れて、一晩支局に泊めていただいたりもしました。その平木さんから、日経新聞夕刊の「明日への話題」というコーナーに鈴木さんが執筆されていることを教えてもらいました。その記事には、鈴木さんが宇佐海軍航空隊におられた頃のことが書かれていました。

鈴木さんは、大正11（1922）年1月生まれで、東京商科大学、現在の一橋大学に在学中に学徒動員で海軍に入りました。さらに鹿児島の出水海軍航空隊を経て、昭和19（1944）年9月28日に宇佐海軍航空隊に着任され、翌年5月に百里原（ひゃくりはら）海軍航空隊に移るまで、7ヶ月間宇佐海軍航空隊で訓練をしていました。鈴木さんは予備学生14期なので、阿川弘之さんの小説『雲の墓標』の主人公たちと同期で、宇佐航空隊で一緒に訓練を

鈴木英夫さんの講演

していました。日経新聞の「明日への話題」には、宇佐航空隊から出撃した神風特別攻撃隊のことや、昭和20（１９４５）年4月21日のＢ29による宇佐空襲のこと、語り部として戦争のことを伝えていきたい、といったことが書かれていました。

講演をお願いした頃の鈴木さんは、商社「兼松」の社長、会長を経て、相談役、名誉顧問でした。平木さんに鈴木さんの連絡先を教えてもらい、講演依頼の手紙を書きました。詳しくは上京してからということで時間をいただき、浜松町の兼松本社でお会いすることとなりました。立派な役員室には、鈴木さんが描かれた絵が掛けてありました。そこでこれまでの活動の経緯や、宇佐市塾で計画している終戦50年の催し、

「宇佐海軍航空隊の世界Ⅲ、平和への提唱―掩体壕のある街から」の記念講演をお願いしました。鈴木さんは「一度は宇佐に行くつもりだったので」と、快くお引き受けいただき、演題は「終戦50年の節目、語り部は訴える」と決めていただきました。

講演会の日、空港へお迎えに行くと、スーツにアタッシュケースを持たれ立っている姿を見て、さすがに国際的なビジネスに関わって来た方だと感じました。余談になりますが、宇佐に向かう車中で、「日本では、仕事に服装などは関係がないが、アメリカなどでは初対面の人がどんな人か分からないので、まずは外見で判断されてしまう。きちんとした服装をしていないと、話も聞いてもらえない。服装のポイントは、ネクタイと靴、それに時計」ということでした。女房にこの話をしたら「だからちゃんとした靴を履くようにと、いつも言ってるでしょう」と言われたのですが、ここは日本、私は相変わらずよれよれの靴を履いています。

鈴木さんは、戦時中も書いていた日記をもとにして、50年たっても昨日の出来事のように、具体的にお話をしてくださいました。別府に外出していた時に、関行男さんたちの初めての特攻のニュースを聞いて驚いたことや、戦友が宇佐航空隊から特攻出撃したこと、そして、戦友の島澄夫さんが特攻出撃の前夜、壮行の酒を飲んだ際に、悲しんではいけないと思いながら、涙の出るのを止めることができなかったことなど。やはり強烈な思い出は、特攻を見送ったことのようでした。

中でも特に私の記憶に残ったのは、

一、身体強健ニシテ如何ナル激務ニモ耐エ得。

二、家庭円満ニシテ後顧ノ憂イナシ。

三、特攻隊熱望。

との官製の特攻志願書に署名捺印（なついん）した、という部分でした。印刷された願書に、署名捺印だけで特攻要員になる。二十歳そこそこの若さで、死ぬかもしれない願書に署名する気持ちはどうだったのでしょう。

宇佐航空隊では、夕方5時に特攻隊編成の発表があり、広げられる巻紙の中に、名前があるかないかで、運命が決まってしまうのです。それを見る時の気持ちはどうだったろうかと、想像すらできない気がします。4月21日のB29による大空襲で、宇佐海軍航空隊は壊滅状態になったのですが、鈴木さんの仲間も、十数人亡くなり、駅館川の畔で集団火葬にされます。その時の様子を「驛館河畔」という詩で残されています。

「時逝きて春風忍び寄り、駅館の水ぬるむ頃、風を切り天裂く一瞬、何が為選ばれたるや、散り果てし数多の仲間……数條の煙の下に、骸焼く荼毘の呪い火、二十余年の齢をしまい、形骸の空しくなるに、夕焼けは河原を染めて、美しく悲しく暮れぬ。」

鈴木さんは、絵も玄人はだしでしたが、詩は学生時代から書いており、海軍入隊後に作った「海軍予備学生の歌」は、作詞・鈴木英夫、作曲・森田久仁子で歌われていたそうです。その後もご自身の画集を送っていただいたり、著書を送っていただいたりと、ご縁をいただきました。

4　その他の活動と催し

小倉そごうデパートでの「宇佐航空隊の世界・資料展」

平成7（1995）年9月、北九州市、小倉そごうの10階にあった「サールナートホール」で、宇佐海軍航空隊展「宇佐航空隊の世界―平和への提唱、掩体壕のある街から―」を開きました。

この展示会を開くまで、宇佐市塾は一度も県外で催しをしたことがありませんでした。一度は県外、それも小倉や博多といった大きな街で開いてみたいと思っていたのです。そして参加者の方々に宇佐航空隊の歴史などを知ってもらいたい、さらにはその方々の反応も知りたいと思っていました。また、ちょうど宇佐では城井一号掩体壕の史跡公園化に向けて、一坪運動を始めていました。掩体壕を史跡公園として保存するために、一人一坪の土地を寄付してもらいたいと、一坪一万円の募金をお願いしていたのです。その募金のお願いも、宇佐市内だけではなく、広く多くの方にお願いしたいと思っていました。

ただ宇佐市塾は資金のない団体なので、立派なギャラリーを借りて開くことなど考えられませんでした。それでもなんとか開いてみたいと思っていた時に、小倉駅前のデパート

小倉そごうでの展示会

そごうの10階に、小倉の永照寺さんが管理する「サールナートホール」というホールがあることを知りました。さっそく出かけて見てみると、展示にちょうどよい広さのホールでした。日頃は仏教の講演会や、研修会などで使用しているとのことでした。ただ使用料を聞くと、デパートの中だけに結構な料金でした。そこで住職の村上充生さんにお願いに行きました。遠縁にもあたり、大学でも私が一級上でよく知っていたので、なんとか安くしてもらいたいと思ったわけです。

村上住職からは「よいことだと思います。平和というキーワードもホールの趣旨に合いますので、お貸ししましょう」と言っていただきました。肝心の借料については、「ただというわけにもいきませんから、せめて電気代として一日千円位いただきましょう」と言ってもらい、一日千円で貸してもらえることになりました。

会場が決まり喜んだのはよいのですが、何しろ宇佐市塾がデパートなどで展示会をするのは初めてのことです。搬入などのルールも分からず、一般のお客用のエレベーターを使って搬入して怒られたり、運び入れるパネルが大きくて他のお店の中を通らせてもらったりと大混乱で、周り中に迷惑をかけながら、なんとか開催にこぎつけました。

9月の8日（金）から11日（月）までの4日間だったのですが、メンバーや宇佐市の職員の方々にも協力してもらい、交代で受付や説明にあたりました。PRは不足していたのですが、読売新聞西部本社が後援になっていた関係で、紙面で大きく取り上げてもらい、多くの人に来ていただきました。デパートの買い物に来たついでの方も多く、都会での開催とは、こんなに入場者があるものかと思いました。入場者の方の中には当時、宇佐航空隊にいたという方も数名いて、喜んでいただくと共に、いろいろなお話を聞かせていただきました。

時々は県外での催しも大切だと思ったのですが、結果としてはこれ以後一度も県外で展示会などの催しをしたことはなく、以後25年以上宇佐市での催しになってしまいました。

これは、コツコツ活動することは得意ですが、大きなエネルギーを必要とする企画はどうも苦手という、宇佐市塾の性格もあるかと思います。もっとも、これも私の性格が反映しているのかもしれないと、振り返ってみて少し反省もしているところです。

副読本『えん体ごうの残るまち』と、朗読劇「この子たちの夏」

「平和の学習というと、主に広島、長崎について取り組んでいると思います。そちらももちろん大切ですが、宇佐も戦場になっていたので、そんな地元の戦争のことも平和学習で扱ってもらえませんか」と、小学校の先生にお話したことがあります。その時の返事は、「私たちも扱いたいのですが、資料がないのです」とのことでした。確かに田んぼの中にところどころ掩体壕や、アメリカ軍機の機銃掃射の跡の残る建物や爆弾池など、戦争中の遺構がわずかに残るだけで、宇佐に飛行場があったことを知らない人も多くいました。

宇佐市塾では「私たちの町も戦場だった」ことを子どもたちにも伝えようと、平成元（1989）年から資料集めや証言の収集などに取り組んできました。宇佐航空隊や地元での戦争の歴史を発掘し、本などに記録して、それを子どもたちにも伝えていきたいという取り組みでした。取り組みを始めてみると、宇佐海軍航空隊は全国で唯一の艦上爆撃機、艦上攻撃機の練習航空隊だということが分かりました。そして、宇佐航空隊からも神風特別攻撃隊が出撃し、154人もの若者が戦死していました。またアメリカ軍のB29やグラマン戦闘機などの空襲もたびたびあり、たくさんの人が亡くなっています。体験者の方々の手記なども含めて、『宇佐航空隊の世界』という本にまとめてきました。

そして終戦から50年目の平成7（1995）年を前に、改めて「宇佐航空隊のことや、空襲のことなどの資料が集まってきたので、ぜひ地元の戦争の様子を子どもたちに伝える本を作ってもらえませんか」と、後に宇佐市民図書館準備室長をされることとなる得松昭行（とくまつてるゆき）先生を通じて先生方にお願いしてもらいました。子どもたちに戦争を伝える本は、やはり直接子どもたちと接している先生や、OBの方々が作るのがよいと思ったからです。これまでに集めた資料や証言などは、平成4（1992）年までに『宇佐航空隊の世界Ⅰ、Ⅱ、Ⅲ』と、3冊にまとめて出版されていました。これまでにあった『畑田空襲の記録』なども合わせると、子どもたちへ伝える本作りには、十分な資料があると思ったからです。

ちょうど先生たちの間でも、戦後50年目の取り組みをせねばと話されていたそうで、「宇佐高田戦後50年、平和を願う記念行事実行委員会、平和読本編集委員会」ができ、先生たちにPTAの方なども加わり、本の編集が始まりました。宇佐市塾のメンバーの井上治広さんも、航空隊のことなどで編集の協力をさせてもらいました。そして平成7年8月、平和授業などで使うための副読本『えん体ごうの残るまち―宇佐こう空たいと空しゅう―』

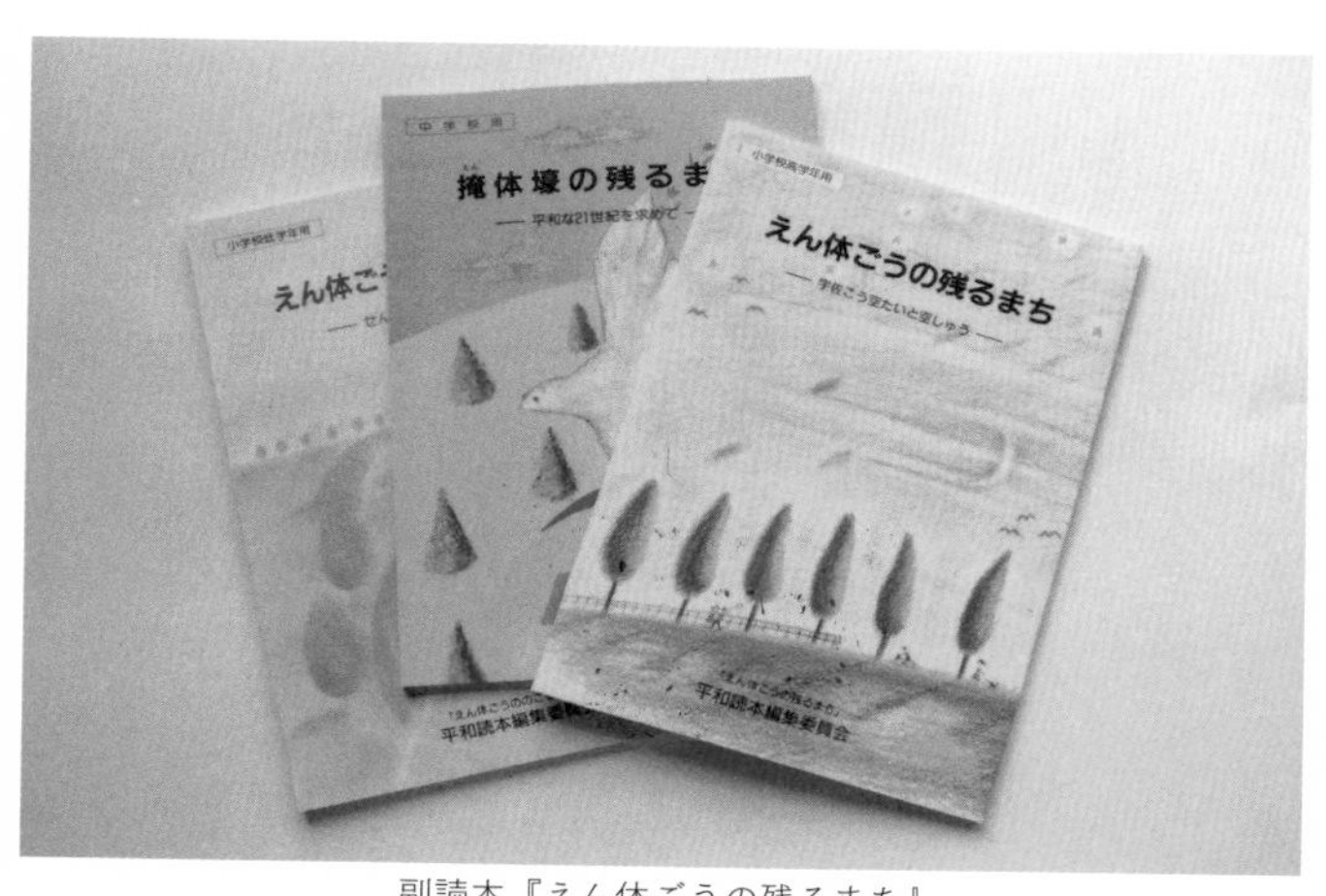

副読本『えん体ごうの残るまち』

が出版されました。この本は「小学校高学年用」として編集され、内容は宇佐に航空隊があったことや、宇佐に残る戦争の跡、柳ヶ浦や畑田の空襲の様子、そして巴里夫（ともえさとお）さんの漫画『石の戦場』も入っています。

この漫画家の巴さんは、旧制中津中学校在学中に学徒動員で宇佐航空隊に来て、空襲でできた穴を埋めるための石運びなどの奉仕作業を実際にされた方です。その実体験をもとに、当時の宇佐航空隊の様子を漫画にしたのが『石の戦場』です。プロの漫画家の作品だけに、とても素晴らしい作品でした。そこで、巴さんと旧制中津中学校で同級だった平田一男さんに紹介していただき、「ぜひ宇佐市塾の本にも載せさせてほしい」と巴さんにお願いして、『宇佐航空隊の世界Ⅲ』に掲載させてもらいました。平和読本編集委員会からも、「この漫画はぜひ子どもたちにも読んでもらいたい」と要望があり、巴さんに了解をいただいて副読本の中にも入れさせてもらいました。

翌年には、小学校低学年用として『えん体ごうののこるまち―せんそうちゅうのくらし―』、中学校用『掩体壕の残るまち―平和な21世紀を求めて―』が出版されました。この3冊の本は、平成8（1996）年に宇佐市教育委員会で採用されて、宇佐市内の全ての小、中学校の図書室に人数分配置されました。これで市内全ての学校で、平和学習などで使えるようになりました。地元の戦争の歴史をまとめ、教材として使用できるようにした副読本は、広島や長崎などは別として珍しいのではと思います。とてもよくできていて、編集の方々のご苦労が思われます。副読本を使って子どもたちがふるさとの戦争の歴史を学ぶことによって、平和の大切さをより身近に学んでもらえることでしょう。ぜひ学校で活用して、子どもたちに「私のまちも戦場だった」ことを知って、平和の大切さを考えてもらえたらと思っています。

これからは国際化の時代といわれています。英語などさまざまな学習が必要な時代に入り、学ぶことも多いと思います。しかし地域の歴史や文化など、足元の学習にも力を入れてもらいたい。それが地域を愛する心を育て、やがて本当の意味での国際人を育てる基になると思うのです。

この本づくりでのご縁もあって、平成７（１９９５）年7月に、地人会の朗読劇「この子たちの夏」をみる会の実行委員会に、宇佐市塾も参加させてもらいました。この朗読劇は、長内美那子さんなど女優さんたちが作っている「地人会」で毎夏全国を巡回公演しているもので、この年だけでも全国60ヶ所程で上演されたそうです。宇佐での案内のチラシに「50年前の、あの日を綴った子どもたちの、そして母親たちの手記、手紙、詩などによって構成された一時間半の舞台です」とあるように、６人の女優さんによる広島や長崎で被爆した子どもや母親の手記や手紙、詩などの朗読劇です。宇佐市、豊後高田市のＰＴＡや先生たちも出演して、会場の宇佐文化会館大ホールには、１１００人もの参加がありました。終了後の女優さんとの交流会も含めて、とても素晴らしい会になりました。

私もスタッフとして、練習風景やリハーサルなどを見る機会がありました。個人的には山口果林さんを見ることができるのを楽しみにしていたのですが、他の方より少し遅れて来た山口さんが、まず柔軟体操から始めたのには驚きました。朗読劇なので発声練習から始めるのかと思っていたのですが、まず全身運動をしっかりとして、それから発声練習に入るのです。いつもやっていることだと思うのですが、きちんと準備体操から始める様子を見て、プロとは手を抜かないのだなと感心しました。

広島、長崎の原爆の悲惨さも、50年経ってついつい忘れがちになっている気がします。それだけに、今回の公演を通して、原爆の悲惨さやそうした戦争を繰り返してはいけないことなどが改めて思い起こされました。棟田博さんの著書『サイパンから来た列車』のあとがきに倉本聰(そう)さんが、

「人は二度死ぬという言葉がある。一度目は肉体的に死んだ時。

もう一度は、完全に忘れ去られた時」

と書かれています。原爆だけでなく戦争の歴史を、「いつまでも忘れないこと」「戦争の歴史を語り継ぐこと」の大切さを改めて思った催しでした。

豊の国宇佐市塾10周年「宇佐航空隊の世界Ⅳ」藤井治芳さんの講演

平成10（1998）年3月、豊の国宇佐市塾10周年記念「宇佐航空隊の世界Ⅳ」の催しを、宇佐文化会館大ホールで開きました。テーマは「21世紀の私たちに―掩体壕からのメッセージ―」です。平成7（1995）年3月、宇佐市の史跡に指定された城井一号掩体壕からのメッセージを、21世紀を前に耳を傾けてみようとの趣旨でした。そして、建設省の前事務次官だった藤井治芳（はるほ）さんに記念講演をお願いすることになりました。

藤井さんに講演をお願いすることになったのは、藤井さんのお兄さんである藤井真治（まはる）さんが、宇佐航空隊から神風特別攻撃隊第一八幡護皇隊艦攻隊の一人として、特攻出撃して亡くなっていたからでした。このお兄さんは多くの人に慕われた方で、亡くなられてからもずっと、藤井会の名前で追悼の会が開かれていたそうです。阿川弘之さんの小説『雲の墓標』にも登場している方です。そして出撃する前に、当時8歳だった治芳さんへ手紙を残していました。

「はるほくんへ　おてがみありがとう　しっかりがんばってください　いつまでもまもっ

藤井治芳さんの兄、藤井真治大尉

てあげるからね　まはる」

　小さな治芳さんが親から言われて、お兄さんへ手紙を書いたのでしょう。その手紙の返事だったのでしょうが、まだ小さかった治芳さんは、手紙を書いたことも、返事のことも覚えていないとのことでした。それでも機会あるたびに、お兄さんの足跡を訪ねて宇佐に足を運んでいたとのことでした。それで、「ぜひ宇佐に来て、お兄さんからの手紙を読んでの感想を聞かせていただきたい」とお願いすることになりました。大分県の東京事務所にいた木谷文弘さんに案内していただき、建設省に藤井さんを訪ねました。

　建設省など中央の役所に行くのは私は初めてで、とても緊張しました。おまけに受付を通る人は身分証のようなものを出しているのです。

運転免許証も持ってこなかった私は、身分を証明するものがないと焦ってしまいました。それでも何かの本に、名刺を10枚以上持っていると本人と思ってもらえることがある、というような記事があったのを思い出し、急いで鞄から名刺の束を取り出してポケットに入れ、受付の列に並んでいました。しかし、私の番が来ると名刺を出す前に「どうぞ」と受付を通されてしまいました。緊張していたので拍子抜けしてしまいました。たぶん顔に「初めて来た。とても緊張。人畜無害」と書いてあったのでしょう。門衛の方は顔も見ているのかと思ったことでした。藤井さんには初めてお会いしたのですが、1時間程もいろいろなお話を聞かせていただき、宇佐での講演の件も快諾していただきました。

催しの当日は、平松守彦大分県知事も参加してくださり、1000人を超える参加者で、盛大に開催することができました。講演の中で藤井さんは、「遺書などには、もっと書きたいことがあったでしょう。でも軍の検閲などもあるので、書けないこともたくさんあったはずです。それだけに、その書かれていない行間を読まなくてはいけない」「亡くなった人たちは、自分たちのできなかったことを、後の人たちにして欲しいと願っているだろう」と言われました。そして「今日の平和は、不断の努力の積み重ねの結果だ」と、平和を持続するためには不断の努力が必要なことなどを、熱心に語っていただきました。

真治さんの「いつまでもまもってあげるからね」の言葉は、治芳さんだけではなく、後の我々にも、「平和や、人々の安寧を守るための犠牲なのだよ」と言われているように感じました。それだけに、亡くなった人々の声や、願いにもっと耳を傾けることが大切でしょう。そして亡くなった人々へ、私たちにできることがあるとしたら、航空隊の歴史や、亡くなった人たちのことを語り継ぎ、平和な時代を守っていくことでしょう。掩体壕もその貴重な語り部として、私たちがその声に耳を傾けることが大切だと感じました。

この催しでは、思いがけないお土産がありました。藤井さんと平松県知事が城井一号掩体壕に行った際に、滑走路跡のフラワーロードから掩体壕に入る道路が狭かったのです。そのため、藤井さんが「これではバスも入れませんね」と言われると、平松県知事が「近いうちに広げる予定です」と答えられました。その後、現在のように大型バスも入るように道路が拡幅されたのです。これは、藤井さんが宇佐にお越しくださった大きな置き土産となりました。それまでは団体の見学者はフラワーロードにバスを止め、そこから歩いて行かなければいけなかったのですが、この進入の道路が広がったおかげで、現在のように修学旅行などの大型バスも乗り入れられるようになり、とても便利になりました。

寺司勝次郎さんと、流政之さん

寺司勝次郎（てらしかつじろう）さんは屋根の版画家として有名な方でした。我が家にも、寺司さん独特の屋根の版画作品が1枚あります。見慣れた屋根瓦のある風景のようですが、これが部屋にあると不思議と癒される気がする、そんな作品です。

版画家として有名な寺司さんは、戦前、旧制大分中学校から予科練に入り、特攻訓練中に入院して終戦を迎えたといった経歴をお持ちの方です。生き残った者としての務めとの思いもあったのか、大分航空隊から昭和20（1945）年8月15日の夕方に最後の特攻として出撃した宇垣中将や中津留大尉などの、慰霊や顕彰活動にも熱心に取り組まれていました。その最後の特攻のことを聞かせていただこうと、大分市内の寺司さんのお宅をお訪ねしました。寺司さんからは、最後の特攻のことだけではなく、いろいろなお話を聞かせてもらい、当時の写真などもたくさん見せていただきました。宇佐市塾として、これからの宇佐航空隊に取り組む方向などについても、いろいろアドバイスをしていただきました。そして宇佐航空隊の資料が少ないとの話をした折に、流政之（ながれまさゆき）さんのことを紹介していただ

寺司勝次郎さん（左より２人目）と流政之さん（中央）

きました。
　流政之さんは彫刻家で、ニューヨークの世界貿易センターにあった「雲の砦」などで世界的に有名な方でした。初期の作品、大分県庁の西側のコンクリート壁の「恋矢車」では、日本建築学会賞を受賞しています。県庁にはよく行っていたのですが、壁に流さんの作品があることなど気づきもしませんでした。まして、流政之さんの名前も知らなかったのです。ただ、メンバーで建築家の山内英生さんによると、「世界的に有名な人ですよ。あの人の作品が一つ宇佐にあれば、全国からそれだけで人が来ますよ」とのことでした。寺司さんに紹介してもらい、宇佐市塾のメンバーと四国の香川県へ、流政之さんのお宅を訪ねることになりました。

流政之 作 「防人」

当日は寺司さんにも同行していただき、お城といってもよいような大きな流邸を訪れました。そこには何千万円というような作品が、そこかしこにたくさん並んでいるのです。数えきれない数の作品でしたが、そのたくさんの作品の中でもとても心に残ったのは、「防人」という作品群でした。国を守るために命をかけた防人は、そのまま特攻で戦死した人々とつながるような気がしたのです。金額を聞くと、とても私たちの手の出せるようなものではないのですが、小説『雲の墓標』に登場する主人公たちと同じ海軍飛行予備学生14期の零戦パイロットだった流さんなので、宇佐とのご縁もあるようで、なんとか一つでも宇佐に展示したいものだと思ったのです。すると、流さんが「宇佐に行ってみよう」

と言われ、平成10（1998）年11月宇佐にお越しいただきました。

城井一号掩体壕など、宇佐に残る宇佐航空隊の遺構をご案内しました。流さんの感想は、「城井一号掩体壕は、周辺の整備も含めて規模が小さい」「資料館もなく、仮に作品を戸外に置いたら盗まれてしまうだろう」とのことでした。まだようやく城井一号掩体壕が市の史跡に指定されたばかりで道路も狭く、流さんの作品を置くにはいかにも貧弱な感じでした。それでも、いつか宇佐の平和資料館のロビーを入って、流さんの作品「防人」が入館者を出迎えてくれたら、と想像すると夢のようでした。ここは「防人」、国を守った人々の歴史も伝える資料館だと感じてもらえると素晴らしいと思いました。

残念なことに、資料館もできないうちに寺司さんも流さんも亡くなられて、作品の展示は実現しませんでした。それでも、寺司さんや流さんと直接お会いでき、いろいろなお話を聞かせていただいたことだけでも、私の人生にとっては、とても大切な財産だと思っています。

ゼロ戦のプロペラとエンジンが宇佐に

「ゼロ戦のプロペラとエンジンがあるのですが、宇佐はいりませんか」と、杵築市の宅(たく)間昭二(ましょうじ)さんから電話をいただきました。宇佐がいらないなら、他に声をかけるとのことでしたが、「もちろんいただきます」と早速、詳しいお話を聞かせていただきました。ゼロ戦のプロペラとエンジンは、国東(くにさき)沖で知人の漁師の方が引き上げたものを譲ってもらい、多くの人に見てもらいたいと、奈多(なた)海岸に展示していたものでした。私も以前、見た覚えがあるのですが、譲ってもらえるとは思いもしませんでした。

宇佐市塾が戦争遺跡の保存や資料の収集をしていることを知って、声をかけていただいたのです。ただ宇佐市塾は、宇佐市が将来建設する予定の平和資料館に協力して資料の収集をしているので、担当の宇佐市教育委員会にお話をして、教育委員会に直接受け取ってもらうことになりました。

当日は教育委員会の方と受け取りに行ったのですが、50年以上も海の中に沈んでいたとは思えないほどしっかりしたものでした。プロペラもあまり大きな損傷がありません。予

掩体壕の中にあるゼロ戦のプロペラとエンジン

科練の方によると、「撃墜されて海に落ちると、プロペラなどは大きく壊れてしまう。大した損傷がないことを考えると、撃墜されたのではなく、エンジン不調などで海に不時着したのではないか」とのことでした。そんな説明を聞かせてもらうと、「パイロットの方は、ケガをしたのだろうか。救助されたのだろうか」などいろいろ考えて、同じプロペラとエンジンでも、これまで見てきたものとは違って見えてきます。

城井一号掩体壕はゼロ戦専用の掩体壕で、下にはゼロ戦の実物大の大きさの絵が描かれています。その絵のプロペラとエンジンの位置に、今はこのゼロ戦のプロペラとエンジンが置かれています。錆止めの塗料を塗っているので、光沢はありませんが、プロペラはジュラルミンなので、磨けばピカピカに光ることでしょう。でも、このプロペラとエンジンは、すでに戦争の歴史を語る大切な歴史資料の一つなのです。磨いたプロペラの光以上に、本物の輝きをもって掩体壕の中に置かれています。こうした資料がたくさん集まってきています。こうした戦争に関する資料を展示して、資料そのものに戦争の歴史を語ってもらう資料館を、ぜひ多くの人に見てもらいたいと思っています。

小説『指揮官たちの特攻』①　城山三郎さん宇佐へ

城山三郎さんとのご縁は、平成11（1999）年8月、横光利一生誕百年記念「横光利一の世界Ⅱ」の催しでした。この記念講演をしていただく方が誰かいないかと話をしていたら、宇佐市民図書館の松寿敬(しょうじゅさとし)さんが、「城山三郎さんはどうでしょうか」と言うのです。城山三郎さんといえば、経済小説の先駆者といわれる方で、『男子の本懐』や、『小説日本銀行』などは読んだことがありましたが、横光利一との接点は見当もつきませんでした。ただ松寿さんによると、城山三郎さんのエッセイに、「経済小説の最初の作家は、横光利一だ」と書いてあるというのです。

そういわれると『上海』には、いろいろ経済の問題も出ていると思い出しました。ただ、城山三郎さんが日本での経済小説の初めとしてあげたのは、『機械』だというのです。『機械』は心理描写や、文章の独創性が特徴のように思っていたのですが、そういわれて読み直してみると、工場での作業や、人が工場を動かす機械の一部になるといった視点は、現在の経済活動にも通じるものがあります。城山さんが作家として横光利一をとても高く評

城山三郎さん（右）、中津筑紫亭にて

価されているのが分かりましたので、さっそくお願いしてみることにしました。

城山三郎さんといえば、通産省をとりあげた『官僚たちの夏』です。この作品の電子工業課長は、平松守彦大分県知事がモデルだといわれていました。そこで平松県知事に、城山三郎さんへの講師の依頼の件をお願いしました。平松県知事は、城山三郎さんをとても尊敬されていたので、喜んで引き受けていただきました。その後の日曜日、ご法事の帰りに私の携帯電話へ「もしもし平松ですが」との電話がかかりました。「どちらの平松さんでしょうか」と言ったら、「平田さんの電話ではなかったですか」とのこと。その声で初めて、平松県知事ということが分かりました。幸い境内まで帰っていたので、あわてて車を降りて直立不動、最敬礼といった感じで電話を受けました。それまでは秘書の方から電話があり県知事に代わっていたので、県知事ご本人から直接電話がかかるとは思ってもみなかったのです。用件は「城山三郎先生が講演を引き受けてくれたので一度、上京して詳しく説明をするように」とのお話でした。ちょうど日曜日で秘書の方がおらず、県知事も城山先生の大分訪問がうれしかったようで、直接電話をしてくださったようです。

後日、上京して、東京会館のロビーで城山先生にお会いしました。初めてなので文庫本の著者の写真を頼りに、城山先生をお待ちしました。先生はとても謙虚な印象の方で、これまでの活動の説明をさせていただく途中で、何度も「よいことをしているね」といっていただき、とても励まされる思いでした。その後、『横光利一の世界』以外に豊の国宇佐市塾で出していた『双葉山の世界』や『宇佐航空隊の世界』などをお送りしました。すると、「ちょうど航空隊関係の小説を書きたいと思っており、『宇佐航空隊の世界』に出ている10人程に会いたいので、宇佐に3泊する手配をお願いしたい」という連絡がありました。城山先生は前日、奥様と由布院の「玉の湯」に泊まり翌日、講演会に参加していただく予定でした。しかし取材で玉の湯をキャンセルして、宇佐のかんぽの郷宇佐に泊まっていただくことになりました。

宇佐での１日目は、宇佐神宮すぐ横の生まれで宇佐航空隊で教官をしていた賀来準吾さん、お父さんが宇佐航空隊の初代飛行隊長だった高橋赫弘さん、宇佐航空隊に隊員として在籍していたことのある松本道弘さんと賀川光夫さん、戦史を研究されていた江本康彦さんなどにお出でいただきました。城山先生は、お一人一時間半ということでお話を聞かれました。お話を聞くテーブルに広げられたＡ５のノートには、もうすでに細かい文字でびっしりと何かが書かれていて、よく事前の調査をされている様子が分かりました。私はお茶くみと、次の人のご案内をするつもりでいたのですが、最初の賀来準吾さんの取材の折に、賀来さんをご案内して部屋を出ようとすると、「平田さんも聞かせてもらったらいいよ」と言われ、同席させていただきました。おかげで、作家の取材に同席させてもらうという、得難い経験をさせてもらいました。

２日目は、大分市の東洋ホテルで、松浪清（まつなみきよし）さんとお会いしました。この方もベテランパイロットで生き残った貴重な方でした。午後は県庁幹部職員の方への講演。印象的だったのは、秘書の方が「お鞄を持ちましょう」と言ったら、城山先生は「いやいや」とそのまま持たれて行ったことです。先生が断るくらいなのに、私などが持ってもらうのは百年早いと思い、その後、講演会などで声をかけていただいても、その時の印象が強いのでお断りしてきました。

終了後、津久見市の中津留鈴子さんにお会いしました。鈴子さんについては別に書いていますが、最後の特攻の中津留達雄大尉の娘さんです。中津留さんは、おじいさんが取材嫌いだった影響もあり、新聞等の取材も全く受けていなかったのです。それが城山先生の取材を受けてもらえたのは、私が前年の平成10（1998）年6月に、大分県議会議員の方々の勉強会「五十六分勉強会」でお話をさせていただいたご縁があったからです。この講演会で、これまで豊の国宇佐市塾が取り組んできた横光利一や双葉山などの人物のことや、宇佐航空隊についてのお話をさせていただきました。その中で、昭和20（1945）年8月15日の夕方、大分海軍航空隊から宇垣纏（まとめ）中将を載せて最後の特攻に出撃した、中津留達雄大尉の話にも触れたのです。講演後、当時の県議会議長の古手川茂樹さんから「議長室に来てほしい」と言われ、お訪ねすると「中津留達雄大尉は、家内のいとこにあたる」とのことで、いろいろお話を聞かせていただきました。その時のご縁があったので、古手川議長より中津留鈴子さんへご連絡をしていただき、取材のご了解をいただいたのです。

中津留さんの取材で先生は、「写真はありませんか。軍服よりもプライベートな写真が見たいですね」と言われていました。写真を見ながら、「美男子ですね。奥様もきれいな方なので、地元で話題になったでしょうね」、などと話されながらアルバムを見ていました。特に、顔が大きく写った写真を熱心に見ていました。後から考えると、中津留さんのお顔を、心の乾板に焼きつけていたのだと思います。

取材を終えた後、豊の国宇佐市塾のメンバーの希望者で、城山先生を囲んでの夕食会を開かせてもらいました。小説を書くうえでの苦労話などを聞かせていただこうというもので、「竹贅（ちくぜい）」で先生を囲んで10人程のメンバーで話を伺いました。いろいろなお話を聞かせていただいたのですが、特に印象に残っているのは、「今回の作品はどんな作品になるのでしょうか」と聞いた折のことです。

城山さんは、「私の知り合いで、次回に書く作品のテーマや、材料、大まかな筋書きなどを話してくれた人がいた。テーマも材料も素晴らしいので、これはよい作品になるだろうと楽しみにしていると案外、平凡な作品になっていることが多い。それは、自分で書こうと思ったテーマは、話したくてたまらないときがあるが、その時話すと、書くエネルギーが減ってしまう。話したいのを我慢して、全てのエネルギーを文字に向かわせないといけない。それで今回の作品についても、話せない」とのことでした。城山先生とは比ぶべくもありませんが、私も30年くらい前から、双葉山の本を書く書くと周りの人に言って、いまだに書き上げていません。話したところで満足してしまって、書くエネルギーがなくなってしまったのでしょう。

話が横道にそれましたが、また先生は、「執筆する小説の主人公が夢枕に立つようになったら書き始める」と言われていました。主人公のイメージが固まり、夢に出るくらいまで固まってくると、書き始められるということでしょう。そういえば、双葉山、双葉山と言ってきましたが、一度も夢に出てきたことはないなとも思いました。一作書くと4キロくらいも痩せるそうで、身を削るような思いで、精魂込めて書かれている様子を想像して、作家という仕事の大変さを思ったことでした。

小説『指揮官たちの特攻』② 作家の目

城山三郎さんは、大分県庁での講演の折に、平松県知事から「宇佐にある航空隊の展示室を見てください」と言われたそうです。その頃は展示室といっても、文化財係の発掘した土器などを一時保管しているプレハブ倉庫の一部をお借りして、これまでに集まった桜花の噴射管や、爆弾の破片などを展示している程度でした。スペースも狭く、展示品も今のようにたくさんはありませんでした。仮設というのもはばかられるような貧弱なものだったのですが、関心のある方が見えた際に見ていただくようにと、一応展示させていただいていたのです。

「知事さんから見るようにと言われたのだが、どうだろうね」と城山さんに言われたので、「あまり見るような物もないと思いますし、取材にはお役に立たないかと思います」とお答えました。「そうなの」ということで、展示を見に行かないことにしたのです。しかし翌日、平松県知事から直接城山さんに、「城山先生、展示室を必ず見てくださいよ」と電話があったとのことでした。私の方にも秘書の方より、必ずご案内するようにと電話がありました。私はあまり気乗りがしなかったのですが、知事もああ言われていることですから、柳ヶ浦小学校の横にあった展示室にご案内しました。城山さんは、何も言われずに、じっと見て回られていました。

後日、城山さんから電話があり、「展示室にあった桜花の風防ガラスをもう一度見たいので、30分宇佐に立ち寄る。見ることができるようにしてほしい」ということを言われました。「風防ガラスでしたら、写真をとって、大きさや厚さも測ってお送りしますよ」と言ったのですが、「いやいや、行くから」とのことでした。30分は一体なんだろうと思ったら、取材に向かう特急に乗る間の空き時間だったようです。それなら一本遅らせて昼食もしましょうと、拙寺の応接間でゆっくり桜花の風防ガラスを見ていただきました。後に『指揮官たちの特攻』を読むと、なんとこの仮設の展示室が出てくるのです。

実は私はいまから三年前、この取材を始めて間もないころだが、宇佐航空隊跡地に近いバラック風の建物の中で、「桜花」の部品にめぐり逢うことができた。

一つはロケット噴射管。……

そして、いまひとつは、操縦席つまり「桜花」中央部の風防ガラス。

まだ陳列以前の状態であったため、今度は部品とはいえ手に持つことができた。重かったか、軽かったか、おぼえていない。先に手がしびれた。

「桜花」の風防ガラスは、小型車のフロント・ガラスなどよりはるかに小さかった。当時の私とほぼ同年代の少年隊員たちの眼に見えたのは、その小さな窓の眺めだけ。元気そのものなのに、あまりに早いこの世の見納め。小さな窓に眼をこらしていた姿を思うと、私は危うく風防ガラスを取り落としそうになった。

これを読んで、作家の眼は私たちの眼と全く違うのだと感じました。私は「桜花」の風防ガラスを、「小さいな」とか、「厚みがある」など、物として見ていたのです。しかし城山さんは、その風防ガラスを通して、一式陸上攻撃機から切り離された「桜花」搭乗員の気持ちになって、沖縄の空や海を、そして搭乗員の気持ちを察していたのでしょう。

城山三郎さんは、とにかく細(こま)めに取材に回られる方でした。どこにでも気軽に出かけて人に会い、熱心に話を聞くのです。私たちが紹介した人の中では、茅ヶ崎市の岩沢辰雄さん、鹿児島の脇田教郎元宇佐航空隊主計長などにも、現地に行って取材されています。

特に城山さんから、「宇佐神宮の戦時中の宮司の娘さんに会いたい」との依頼がありま

「桜花」の風防ガラス

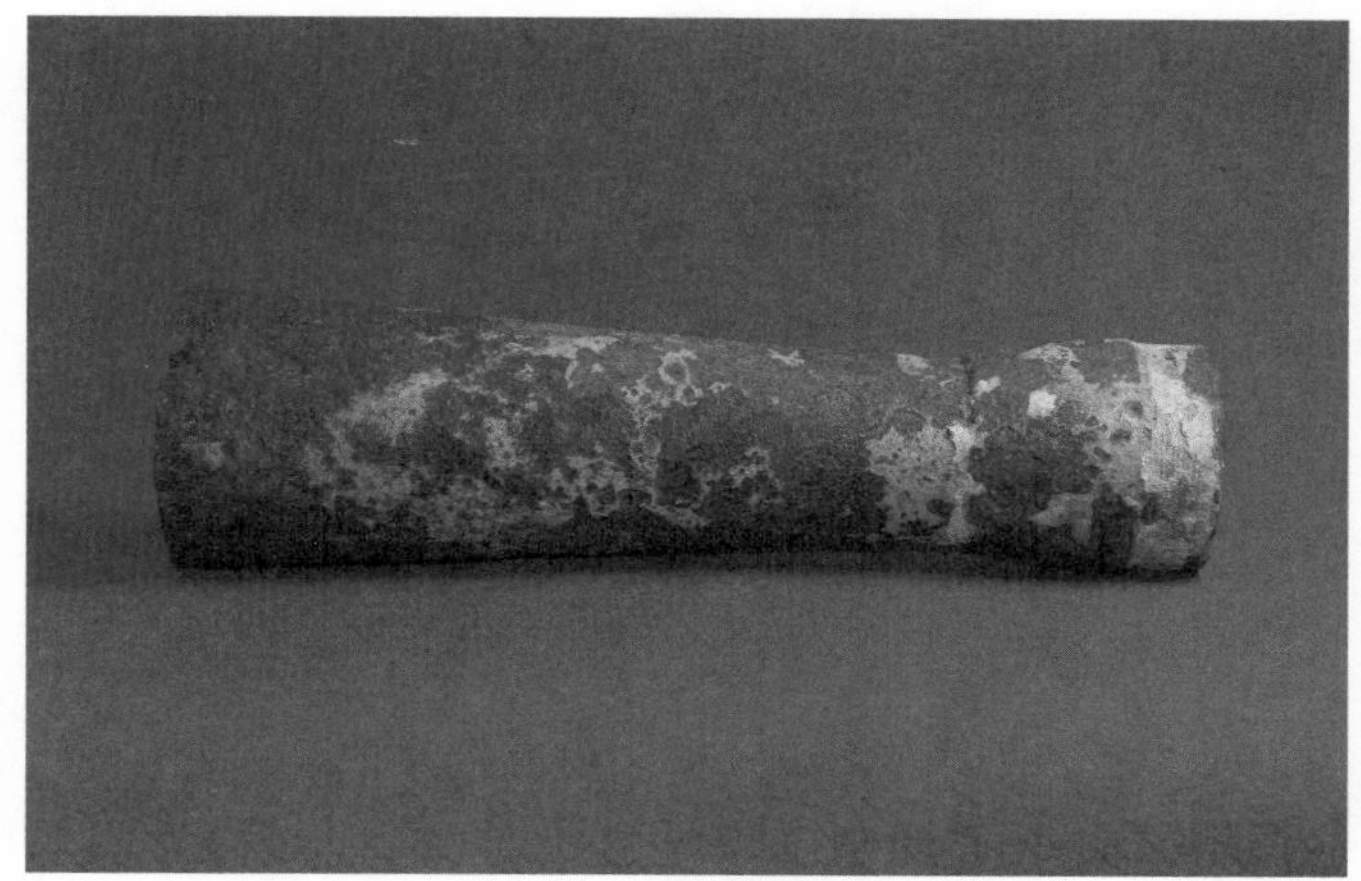

「桜花」の噴射管

した。宇佐神宮の元宮司さんの住所なら、すぐに分かるだろうとお引受けしました。ところが、戦時中は世襲の宮司さんではなく、国から任命される、いわゆる官選宮司さんでした。お名前は横山秀雄宮司。氏名は分かったのですが、戦後に代々の宮司の到津宮司さんにもどっていたので、宇佐神宮に問い合わせると、退任してからの住所は分からないとのことでした。やむなく神社庁に問い合わせると、こちらも分からないと言われました。

安請け合いしなければよかったと後悔していると、女房の兄、私からは義兄にあたる東陽円龍と一杯飲む機会がありました。いろいろ話している中で戦時中の話になり、「あの頃は物がなかったけど、横山のところにだけはなんでもあったな」と言うのです。横山という苗字は宇佐には少ないので、「もしかするとその横山さんは、宇佐神宮の関係者ですか」と聞くと、宮司さんの長男とのことでした。旧制宇佐中学で同級だったので時折、遊びに行っていたとき、菓子などいろいろな物を出してもらったというのです。「現在の住所は分かりますか」と聞くと、「ああ、分かるよ」とのことで、義兄に教えてもらった住所に連絡をとり、横山宮司さんの娘さんたちに会わせてもらうことができました。

城山さんが宮司さんの娘さんに会いたいと言ったのは、特攻隊員の生き残りの方が「出撃前に宇佐神宮にお参りに行くと、宮司さんの娘さんたちが、神殿で舞を舞ってくれた。

その時、娘さんたちは泣きながら舞っていた」と手記に書かれていたからでした。それで、ぜひその娘さんたちに会いたくなったのだそうです。小倉のリーガロイヤルホテルで会われ取材されました。その内容は、小説の中にも、

「お気の毒で、お気の毒で、涙が出て」

「いつでも、こっちのほうが緊張して」

「士官の方たちは、かたい表情というか、感情を表に出しません。東大出の方も、立教出の方も……。ほんと、りっぱな方ばかりと思いました」


などと出ています。

小説『指揮官たちの特攻』③　残された人たちの悲しみ

城山さんの小説のことを私のような素人が評するなどおこがましいのですが、小説の特徴の一つに、丹念な取材のうえで見つけた新しい事実を見出して、これまでの評価を変えているという点があると思います。『落日燃ゆ』の主人公広田弘毅がその典型だと思います。A級戦犯で処刑された唯一の文官広田弘毅を取りあげて、これまでの広田弘毅の評価を、小説の主人公にすることによって一変させています。これは歴史家でも成しえないようなことを、小説という力によって成しえているように思います。この点は『指揮官たちの特攻』でも同じで、この小説が出ることによって、最後の特攻の中津留達雄大尉の評価は大きく変わったと思われます。

昭和20（1945）年8月15日、正午に天皇陛下の玉音放送があり、戦争が終わったとされる日の夕方、中津留大尉は特攻作戦の責任者だった宇垣纏（うがきまとめ）中将を乗せて、最後の特攻に出撃しています。この最後の特攻については、いろいろな評価がありました。しかし城山さんの『指揮官たちの特攻』では、これまで知られていなかった中津留大尉の最期が

中津留達雄大尉

描かれています。まさに特攻の最期の情景です。

そのとき、天地の暗闇の中で、ただ一ヶ所、煌々と灯のついた泊地が見えてきた。……宇垣は突入を命ずる。

もはや議論の余地は無く、中津留は突入電を打たせ、突入すると見せて、寸前、左へ旋回する。……

明々と照明をつけた中での破目をはずしたビア・パーティーの大騒ぎ。

そこへ、泊地が第四の攻撃目標というので特攻機が二機続けて突っこんでいたら――。

ここで中津留大尉が宇垣中将の命ずるままに突入していたら、せっかくの終戦がまた破られ、

中津留達雄大尉の娘・中津留鈴子さんと

多くの犠牲が出たに違いない。その終戦を護ったのが中津留大尉だと、城山さんは小説の中で語っています。それは、中津留大尉の瞬間の判断の素晴らしさを読者に伝え、中津留さんは「終戦後の平和を護った人」との評価を定着させたと思います。

テレビ局の取材の際に、「中津留さんは、なぜ特攻に出たと思いますか」と聞かれたことがあります。私は「武士の情け、惻隠（そくいん）の情ではないですか」と答えました。特攻作戦の責任者だった宇垣中将が、最期の死に場所を求めて特攻出撃をしようとしている。おかしいとは思っても、部下として見るに忍びなかった。武士の情けは、力の強い者が、弱い者に情けを施すという意味でしょうが、ここでは明らかに宇垣中将は敗者でした。中津留大尉は、その宇垣中将の死に場所に、武人としてお供しましょう、との気持ちだった気がするのです。それにしても、両親や妻、そして乳飲み子だった娘さんといった残された人々の悲しみは、大変なものがあったと思います。

話が少し逸れますが、城山さんに宇佐で講演をしていただく日の昼、市長なども一緒に昼食会が開かれました。その折に、確か教育長だと思うのですが、その方が、豊の国宇佐市塾のメンバーで結婚していない者がいるので、何かよい方法はないかと言われたのです。その話の流れで、城山さんが逆に、「お見合いを断るよい方法を教えてあげましょう」と言われました。城山さんも、愛知学芸大学に勤めている頃に、お見合い話をたくさん持ち込まれて困ったそうです。そこで「私は絶世の美女としか結婚しません」と言うと、それから、ぴたりと見合い話が来なくなったそうです。「絶世の美女など、この世にいないのですから、話が来るはずがないのです」と言われるのです。「それでは生涯、結婚できないということになりませんか」と私がお聞きすると、「そんなことはない。好きな人ができたら、絶世の美女に見えたと言えばいいのです」と言われ、一同大笑いになった思い出があります。

城山さんがこの『指揮官たちの特攻』を書いている最中に、奥様が亡くなりました。その絶世の美女の方です。湯布院玉の湯の溝口薫平さんがしばらく時間が経ってから、そろそろお泊りに見えませんかと城山さんをお誘いすると、「妻と一緒に行ったところは、妻を思い出すから行けない」と言われたそうです。余程愛されていたのだと思います。また、妻を思い出すからと、家を出て仕事場のマンションに移られたことなどを後にお聞きして、そこまで深い愛があるのかと思ったことです。女房に、「私が死んだら、城山先生のように悲しんでくれるの」と聞かれたことがあります。もちろん女房依存症の私です。1日でもよいから私の後に死んでほしいと願っていますから、残されるなど考えたくもありません。しかし、城山さん程の悲しみかといわれると、なってみないと分からない、ということにしておきましょう。

城山さんは奥様を亡くされたことで、作品に大きな変化が出たと思います。特攻などで亡くなった人たちが中心の小説に、残された人たちの悲しみが加わったのです。こうした戦争作品には、残された人たちの悲しみに深く触れる作品は少ないのではと思います。

二十歳前後までの人生の幸福とは、花びらのように可愛く、また、はかない。

その一方、かけがいのない人を失った悲しみは強く、また永い。

花びらのような幸福は、花びらより早く散り、枯枝の悲しみだけが永く永く残る。
それが、戦争というものではないだろうか――と。

ここを読むと、いつも涙が出るのです。若くして特攻出撃し、亡くなった人たちの悲しみは深い。また、その人を失った残された人々の悲しみも深く永い。戦争の悲しみを、逝った人、残された人々の悲しみを通して語っています。

「この作品ができたら、いつ死んでもよい」と城山さんは言われていました。私にまで語るくらいですから、それだけ『指揮官たちの特攻』には思いを込められていたのだと思います。

その後、城山さんに豊の国宇佐市塾の航空隊の催しで講演をしていただきたいとお願いをしました。「いいよ、だけどなかなか体重が戻らないんだよ」と話されていました。作品を書く中で4キロ程減った体重が、なかなか元に戻らないと話されていた矢先、急にお亡くなりになりました。79歳でした。城山さんに宇佐航空隊のお話をしていただいていたら、また、新しい視点を教えていただいていたのではと、残念でなりません。

城山さんは平松県知事との対談の折に、「宇佐航空隊などの歴史もあり、宇佐はいろいろ感じ、考えさせられることの多い町ですね」と言われていました。その言葉をいただいて、私の名刺には、「感考（観光）と交流のまち　宇佐市」と書かせてもらっています。宇佐に贈っていただいた言葉と思って、戦争や平和についてこれからもしっかり学び、伝えていきたいと思っています。

小説『指揮官たちの特攻』④　城山三郎湘南の会

城山三郎さんの著書『どうせ、あちらへは手ぶらで行く』に、「宇佐航空隊の世界」のことが出ていましたよ、と知人に教えられ、さっそく書店で求めてきました。平成10（1998）年から平成18（2006）年までの手帳の抜粋を載せたもので、読んでいると城山三郎さんにお会いした頃のことが、懐かしく思い出されました。

平成11（1999）年の5月3日、「『宇佐航空隊の世界』読み始める」と出てきます。この本を読んでいただいたきっかけは、平成11年8月21日に開催した横光利一生誕百年の催しの記念講演を城山さんにお願いしたのがご縁でした。豊の国宇佐市塾のこれまでの活動の紹介と、双葉山や、横光にあわせて、『宇佐航空隊の世界Ⅰ～Ⅳ』をお送りした際に、ちょうど航空隊の取材をしているということで、この本を読んでいただいたのです。

「6月27日、夜は横光利一『旅愁』を読み続ける。7月24日、「特攻」関係を午前、横光利一関係を午後に読む生活。7月29日、黄金の時間（午前中）。海軍関係を読む。銀の時間（午後）。横光関係を読む。」と書かれています。横光関係の本も多く読んでいただいた様子が

城山三郎湘南の会のメンバーと宇佐市塾の交流会

分かります。8月の講演のために、こんなに早くから、多くの本を読んで準備していただいていたのかと、改めて頭の下がる思いがしました。

城山さんが亡くなられて後に、城山さんの二女井上紀子さんや、城山三郎湘南の会の方たちとご縁ができました。そのきっかけを作っていただいたのは、松島幹子さんでした。松島さんのおばあちゃんが亡くなった際、ご門徒さんだったので私がお葬式などお勤めさせていただきました。亡くなられたのが平成23（2011）年3月11日、東日本大震災の日でしたから、よく覚えています。そして四十九日の法要にお参りした折、仏前に茅ヶ崎市議会議員当選証書が飾ってありました。「どなたのですか」とお聞きすると、まだ若い松島さんのものでした。茅ヶ崎市の議員さんということで、茅ヶ崎にお住まいの城山三郎さんのお話などになりました。松島さんが、城山さんの娘さんにも面識があるとのことで、城山三郎湘南の会や、井上紀子さんとのご縁ができました。

その後、私が上京した折に、城山三郎湘南の会で、城山さんの宇佐での取材の様子などをお話させていただいたりもしました。そして平成28（２０１６）年には、「城山さんの足跡をたずねて」ということで、城山三郎湘南の会から17名の方々が宇佐を訪れてくれました。

大分空港から大分県立博物館・宇佐風土記の丘を見学、昼食は城山三郎さんの気に入っていた「竹贅」、午後は宇佐市平和資料館、宇佐市民図書館、宇佐神宮と回り、夜は教覚寺で豊の国宇佐市塾のメンバーと交流会を持ちました。翌日は、宇佐航空隊跡の遺構を巡り、横綱双葉山の生家にある双葉の里、そして昼食は、城山さんも訪れた「筑紫亭」で昼食を食べました。

筑紫亭は戦時中、海軍指定の料亭でした。特攻出撃前に送別で訪れた特攻隊員も多かったそうです。その中には、荒れて部屋の床柱に刀で傷をつけた人もいたということで、その部屋も見学させてもらいました。この部屋の床柱には、刀でつけたという大きな傷がありました。ここには城山さんも訪れていて、その時の様子は、『指揮官たちの特攻』に書かれています。

……筑紫亭に、出撃前夜の特攻隊員が刀を振るって斬りつけた柱の残っている部屋が在るというので、頼んで見せてもらうことにした。……いちばん目につく床柱に、それも視線の高さのところに、鋭い刀疵(かたなきず)がはっきり刻まれていた。

と出てきます。この刀傷は有名で、私も何度か見せてもらいました。しかし城山さんの目には、他の傷も見えたのです。

ところが刀疵はそこだけではなかった。
浅く細くて見落とすところだが、そのすぐ横の鴨居にも、何かで鋭く引っ掻いたようなものがある。やはり刀疵であった。
それも一つではない。
……無数といってよい刀疵。

由布院玉の湯にて、井上紀子さん（中）と溝口薫平さん（左）

と出てきます。それまで何気なく見過ごされていた細い疵が、城山さんによって、これも刀疵と見出されたのです。特攻出撃した人の刀疵を撫でながら、城山さんには、その人たちの無念の声が聞こえたのだと思います。

筑紫亭では城山さんが訪れてから部屋の刀疵が、床柱の一つから無数に変わったのです。城山さんの事実を見出す鋭い目を、ここでも感じたことでした。

その後「城山さんの足跡を訪ねて」の一行は、東西本願寺の四日市別院、三和酒類安心院葡萄酒工房を訪れ、別府杉乃井ホテルに泊まりました。

最終日は湯布院で城山さんが奥さんとよく泊

まられていた「玉の湯」を訪ねました。城山さんの宿帳への揮毫

「幾度か
ここに
無所属の時間
一九九五年五月三十日
城山三郎」

と書かれたものを見せていただき、会長の溝口薫平さんより思い出話を聞かせていただきました。無所属という言葉に、時間だけではなく、人間関係も無所属を大切にして、群れることを嫌われていた城山さんのことを思い出しました。周りに流されることなく、一人で自立して生きることの大切さを話されていました。戦前、日本人が周りに迎合して時流に流されてしまい、戦争を招いてしまったとの反省は、今も気をつけないといけないことのような気がして、よほど心しておかなくてはと改めて思いました。

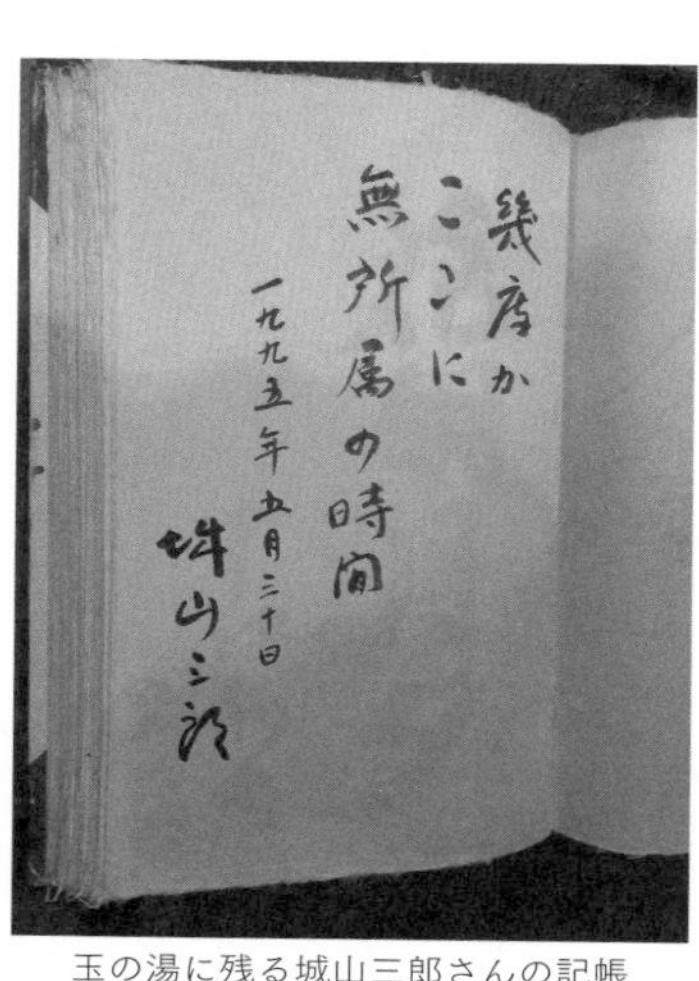

玉の湯に残る城山三郎さんの記帳

母の取り持ってくれたご縁、直居欣哉さんと美座時和さん

人生にはいろいろな出会いがありますが、中でも直居欣哉さんと美座時和さんのお２人は、母が取り持ってくれたご縁で、どちらも宇佐航空隊に関係がある方でした。

私の母昭代は大阪府豊中市出身で、大阪府立豊中女学校の卒業生でした。母の家は伊丹空港の近くの豊中市蛍池でしたので、戦争中はたびたびアメリカ軍の空襲を受けていました。母の実家の隣家はＢ29の空襲で爆弾の直撃を受けて、その時防空壕にいた家族５人全員が亡くなりました。生き残ったのは女学校から勤労動員で工場に行っていた母の同級生と、その兄で海軍航空隊に入っていた直居欣哉さんの２人だけでした。

この直居欣哉さんは予備学生13期の方です。パイロットで大分の国東半島の上空でアメリカ軍の戦闘機と空中戦をして１機を撃墜したのですが、直居さんの機も被弾して宇佐航空隊に不時着しました。直居さんは昭和20（１９４５）年４月６日には、同期の若麻績隆さん、貴島正明さん、円並地正壮さんたちが特攻出撃した八幡護皇隊などの特攻機の、上空直掩隊の指揮を命じられ出撃しています。直掩隊は特攻機を守って敵艦の上空まで送

り届け、戦果を確認して報告する役目です。4月6日は大激戦で、直居さんの機は特攻機と離ればなれになってしまい、直居さん自身の機も8発被弾して海中に不時着しました。12時間漂流して徳之島にたどり着き助かりましたが、4月6日に出撃した隊員で生還したのは、直居さん1人でした。

直居さんには母に紹介され東京でお会いして、いろいろなお話を伺いました。妹さんと2人だけになり、戦後に苦労されたことなどもお聞きしました。それにしても、母の隣の家の方が宇佐の基地に飛行機で着陸したり、宇佐から特攻出撃した方々の直掩につかれたことなどには、何かご縁を感じました。

また母は、戦争中に女学校生活を送っていたせいもあるのでしょうが、私が大学から帰った頃から、よく女学校の同窓会に大阪まで出かけていました。宇佐神宮の神輿が、東大寺の大仏開眼1250年の法要に参加した平成14（2002）年のことです。その年の同窓会で母は、私たち豊の国宇佐市塾が出した『宇佐航空隊の世界』の本を持っていって、「女学校時代は空襲で大変だったけれど、嫁ぎ先の大分宇佐も宇佐海軍航空隊があった関係で何度も空襲があった。しかし、嫁ぎ先の寺は奇跡的に空襲を免れた」などと、懇親会の時に宇佐航空隊の話を同じテーブルの人に話しました。すると同級生だった美座美子さんが、

「私の主人も航空隊にいて、宇佐にもいたことがある」と話されたので、持っていた『宇佐航空隊の世界』の本を差し上げて、ご主人によろしくと伝えたそうです。その際、10月に宇佐神宮の神輿が東大寺に行く話をすると、「主人は奈良市の何かの審議会の委員をしているので、主人に詳しく聞いてもらって、行けるなら当日行きたい」と言われていたそうです。

そしてその年の10月5日、宇佐神宮の神輿が奈良の大仏を訪れました。これは、東大寺の大仏建立に、宇佐の神さまが随分加勢をしたというご縁のためでした。どのような加勢かというと、聖武天皇が大仏造立の成就を宇佐の神に願った時に、宇佐の神は「天地の神々を率いて、大仏の完成に協力する」との託宣を出して、銅や金の調達に協力をしたのです。そして、無事完成した大仏に「私もお参りに行く」と託宣を出しました。

美座時和さん

こうして天平勝宝元（749）年に実現したのが、宇佐の神の東大寺行きでした。宇佐の神は、輿に乗って行きました。神が乗った輿なので「神輿」。『続日本記』には、宇佐の神が神輿に乗って行った時のことが、詳しく記録してあります。この神輿が、日本の正史に出てくる初めての神輿です。宇佐が神輿発祥の地というのには、そのような歴史があるのです。

このようなご縁があって、平成14（2002）年10月5日、宇佐神宮の神輿が東大寺を訪れたのでした。1250年ぶりの宇佐の神と奈良の大仏との再会です。当日、宇佐の神輿を担いでの東大寺への神輿訪問の行列に、私も参加させてもらいました。その折、美座さんご夫妻も東大寺の参道で神輿を迎えたそうです。後に、美座美子さんは母に「主人が、素晴らしい催しだったと言っていました。とても感激しました。でもそれにしては、奈良市の対応がよくなかった。今度、奈良市の方には言っておきます」と話されたとのことでした。

たぶん奈良市の方々も、1250年ぶりの宇佐神宮の神と東大寺大仏の再会ということの意味が、十分には分からなかったのだと思います。しかし、奈良市長はとても感激され、その後「宇佐市と友好都市になりたい」とラブコールを送られました。宇佐市としては、県庁所在地の奈良市と宇佐市では釣り合いが取れないのでは、との意見もあったようですが、平成16（2004）年に大川靖則奈良市長と、時枝正昭宇佐市長が友好都市の調印をして、奈良市との交流が始まりました。

　話が逸れてしまいました。私は美座時和さんにお会いして、いろいろお話も伺いたいと思っていたのですが、機会を得ないまま平成23（2011）年にお亡くなりになりました。その後、妻の美子さんから「夫が残した航空隊関係の資料があるから」と、ダンボールに入った資料を届けていただきました。宇佐市塾のメンバーでこの資料を見てみると、小説『雲の墓標』の主人公と同じ予備学生14期の方です。生き残った者の務めとの思いもあったのでしょう。予備学生14期の人たち一人一人の軍歴を丹念に調べて、克明に記録されているのです。同期の人たちのことをこれだけ克明に調べているのは、とても稀なことだと思います。

　美座さんはまた、予備学生14期の中でも有名なお茶の裏千家元家元の千宗室さんとペアで、親友と言ってもよい関係でした。そんなことを聞くにつけても、生前無理をしてでもお話を聞けば良かったと残念に思っています。しかし、美座さんのお孫さんの新谷大（しんたにだい）さんが宇佐の三和酒類にお勤めで、子どもさんを訪ねて宇佐にみえた新谷高司（しんたにたかし）、みどりさんご夫妻に資料の件のお礼を言うことができました。偶然と言えば偶然なのでしょうが、何か因縁を感じてなりません。美座資料は十分に生かし活用して、美座さんに喜んでいただけるようにしたいと思っています。

それにしても、母が引き合わせてくれたお2人が、宇佐に深いご縁があったのには驚きました。

戦争遺跡保存全国シンポジウム宇佐大会

平成15（2003）年8月23日、24日と、第7回戦争遺跡保存全国シンポジウム宇佐大会が、宇佐文化会館を中心に開催されました。長野の松代大本営跡の保存運動に取り組んでいる人や、全国で最初に戦争遺跡の文化財指定を実現した沖縄の南風原町（はえばるちょう）の人など、全国各地から戦争遺跡の保存に取り組んでいる人々が集まり、その現状や問題点などが報告されました。この宇佐大会の特色は、実行委員会に宇佐の文化財を守る会などの文化財関係者だけではなく、予科練などの戦争体験者の人たちや、教職員組合、地域づくりのグループなど、多様な人々が集まり戦争遺跡の保存について議論したことでした。特別分科会に「全国掩体壕フォーラム」が設けられたのも、宇佐の掩体壕の一つ「城井一号掩体壕」が、沖縄の南風原町のひめゆり部隊ゆかりの陸軍病院の防空壕に続いて、全国で2番目に戦争遺跡を史跡（文化財）に指定をしたことで設けられたのでした。

戦争遺跡の史跡指定は、広島の「原爆ドーム」が全国で3番目なので、宇佐が掩体壕を史跡指定した早さが分かってもらえると思います。ちなみに「文化財保護宣言都市」の宣

シンポジウムの様子

言を昭和51（１９７６）年にしたのも、宇佐市が全国で初めてです。宇佐市の文化財行政の先見性を知ることができ、地元の者としても誇らしく思っています。

催しの初日は、掩体壕など宇佐に残る航空隊の遺構見学から始まりました。私も見学のバスでガイドをさせてもらいましたが、10基も残る掩体壕や落下傘整備所などの遺構を見て、参加者の方は、その多さに驚いていました。その後宇佐文化会館で、十菱駿武（じゅうびししゅんぶ）会長の基調報告、一橋大学永原慶二（ながはらけいじ）名誉教授の記念講演「戦争遺跡と歴史認識」があり、宇佐での特攻出撃を劇にした、劇団うさ戯小屋による演劇「忘れ得ぬトロイメライ」を見ていただきました。宇佐でもこんな話があったのかと、驚かれた方が多くいました。その後、パネルディスカッション、夜は参加者の交流会と続きました。

翌日は9時から15時まで、昼食をはさんで分科会でした。「保存運動の現状と課題」「調査方法と保存整備の技術」「平和博物館と次世代への継承」「全国掩体壕フォーラム」の4つの分科会が開かれ、私は「掩体壕フォーラム」の分科会に出席しました。全国の掩体壕の写真を撮っている安島さんや、高知県南国市、東京都調布市、千葉県茂原市、宇佐市など、それぞれ掩体壕の保存などに取り組んでいる方々の報告、また、全国の掩体壕の調査をされている村上さんの発表など、緻密な調査に感心しました。それでも、私が以前訪れた木更津航空隊にある10基の掩体壕のことを知っている参加者の方はいなくて、まだ全国では見落とされている掩体壕もあるだろうと思いました。

この催しの中で特に印象に残ったのは、沖縄の南風原町での取り組みでした。戦争遺跡の文化財指定第1号もさることながら、それまでの取り組みがすごいのです。3万5000人程の町が13の地区に分かれていて、その各地区の戦争体験者全てを対象に、毎年1地区ずつ聞き取り調査をして、13年かけて全ての地区で聞き取り調査を終わったとのことでした。その調査の過程で、陸軍病院壕跡の保存の必要が理解されて史跡指定に繋がり、平和資料館づくりに向かって努力しているとのことでした。「客観的に戦争を見られるような資料館を作りたい」との村上有慶さんの言葉は印象的でした。聞き取り調査のような活動は、マスコミに注目されている時は盛り上がるのですが、地道にこつこつと続けて行くことは大変だったと思います。そうした地道な活動継続への根気こそ、学ばなくてはならないことでしょう。そして、その記録を次代に伝えることが必要だと思いました。

時の経過と共に、体験者が減ったり、遺構が壊れたりと、全国的にも戦争の歴史の継承が難しくなってきたといわれます。しかし、縄文や弥生の歴史さえ発掘によって明らかになってきています。継続して取り組む意欲さえあれば発掘は可能だし、すべきことはまだ多くあると思います。

司馬遼太郎さんが「日清日露の歴史にしっかり学ばなかったことが、その後の判断を誤った」と、歴史に学ぶことの重要性を繰り返し述べているように、現在の私たちにとっても宇佐航空隊の歴史に学ぶことは大切なことだと思うのです。そして心すべきことは、日々に起こる出来事に振り回されるのではなく、宇佐航空隊など一つの歴史にじっくり取り組むこと。それは単に、宇佐という一地域の、戦争中という一時代の歴史にとどまらず、日本全国や世界へと広がり、平和やこれからの日本の進路を考える上で、重要な示唆を与えてくれることでしょう。

このシンポジウムの後に、うれしい出来事がありました。それは、シンポジウムの折に、「掩体壕」の名称について、いろいろな話が出たことがきっかけだったのだと思います。宇佐でいうところの「掩体壕」が、東京の方では「掩蔽壕（えんぺいごう）」といわれ、四国では「掩体」といわれていました。それで、「掩体壕」の名称でよいのかとの意見が出たのです。この時、宇佐の「城井一号掩体壕」が、戦争遺跡では日本で2番目に史跡指定をされたためか、「掩体壕」という名称に多くの参加者の方々は違和感を持たれず、あまり名称のことは問題になりませんでした。

その後、調布飛行場の掩体壕に行った際に、調布飛行場の横の武蔵野の森公園にある掩体壕が、「大沢一号掩体壕」と書かれているのを見て驚きました。以前、週刊誌や新聞で紹介された時には、「掩蔽壕」と紹介されていたのに、それが「掩体壕」になっていたので驚いたのです。また松山大学の学生さんが城井一号掩体壕などの調査にみえた際に、松山にある掩体壕の写真を見せてくれました。その写真には、掩体壕の前に、「掩体」ではなく「松山海軍航空隊掩体壕」と書かれた木の看板が写っていたのです。

城山三郎さんが宇佐に取材にみえた時に、掩体壕など航空隊の遺構を案内したのですが、「掩体壕」と紹介すると、「こちらの方言ではないの」と言われました。「そうではありません。

掩体は蔽い護る、壕は防空壕の壕ですから、飛行機を蔽い護る壕で掩体壕なのです」とお話しました。城山さんは「そう」と言われたのですが、やはりこちらの特殊な言い方と思われていたと思います。それが、調布飛行場も松山航空隊も、「掩体壕」で統一されていたのを見て、言葉はこうして標準化されていくのかと思いました。私は「これでいよいよ広辞苑に、掩体壕の言葉が載るよ」と周囲の人に言っていましたが、まだ広辞苑に「掩体壕」という言葉は載っていません。しかし、いずれは載るだろうと思って、その日を楽しみにしています。

映画「連合艦隊」と松林宗恵監督

映画「人間魚雷回天」や、「連合艦隊」の松林宗恵監督には、平成16（2004）年と平成17（2005）年の2回、豊の国宇佐市塾の「宇佐航空隊の世界」の催しで講演をしていただきました。

平成16年の催しでは、講演に先立って、映画「人間魚雷回天」の上映会を開催しました。120席の会場に、当日は200人を超える方に参加していただきました。通路に座る方もいて、大変ご迷惑をおかけしました。中には「戦後の映画館を思い出しました」との温かいお声もいただきました。

講演会の方も、宇佐文化会館小ホールで300席用意していたのですが、400人を超える参加者で、こちらも嬉しい悲鳴でした。椅子を出したり、会場の整理にと大忙しでした。参加の皆さんからは、84歳でなおかくしゃくとされている松林監督のお話に、「元気をいただきました」との声もいただきました。

松林監督は、代表作として「連合艦隊」や、「人間魚雷回天」などがよく知られていま

松林宗恵監督

すが、別に東宝の看板喜劇「社長シリーズ」の全37本中、23本を手がけています。ドル箱シリーズの6割以上を任されていたわけです。「監督業は、予算から日程、俳優のスケジュールなど、すべてを調整する総合プロデューサーだ」と言われていました。「この役をきちんと果たすには、でき上がった作品が興行的に成功するのはもちろんのこと、予算や撮影日程がオーバーしないことなどが大切で、予算が大幅にオーバーしたり、撮影が遅れると、経営陣からは信頼されなくなり、次回から作品をまかされなくなる」というのです。

そこで松林監督は「自分が監督として、多くの作品をまかされたのは、海軍で学んだ2つのことを心がけたからだ」と、お話されました。

その1つは、ご存知の方も多いと思いますが、「海軍時間は5分前」ということです。要は、時間を守ること。これはビジネスでも基本中の基本ですが、ルーズになりがちな撮影現場で監督が5分前を守っていると、撮影チーム全体がきちんと時間を守り、撮影も順調にいき、結果として予定通り作品が完成するというわけです。

いま一つは、「出船の精神」です。客船などは、早くお客を降ろす必要から、船を港に着けるときは、そのまま船首から着けます。しかし、軍艦はすぐに出港できるよう、向きを変えて着けておくというのです。そうすると、出港の時に向きを変えなくてよいので、普通の船よりも5分、10分早く出港できます。これが戦闘状態のときは勝敗に関わるというのです。撮影現場も同じで、ともかくすぐにスタートできる状態にしておくことが必要で、撮影が終っても、ご苦労さんと帰るのではなく、一言、明日はこのシーンから撮影すると言っておくと、撮影や照明の人など、それぞれ心の準備ができるというのです。それで、翌日10分、20分は違ってきます。これが半年では、大変な差になるというわけです。そこの2つのお話は、私たちの日常生活でも、心がけないといけないことだと思いました。さっそく、「5分前、出船の精神」と書いて、机の前に貼ったのですが、あまり続きませんでした。

平成17（2005）年の催しでは、映画「連合艦隊」の上映に先立ち、松林宗恵監督の講演がありました。その際「監督はなんでもできると思うかもしれないが、台本があるのでどこでも自由になるわけではない。しかし「連合艦隊」の映画では、一ヶ所だけわがままを聞いてもらった」と話されました。

終わりに近いところで、特攻出撃直前の小田切中尉役の中井貴一が、隊長の許しを得て父親が乗る戦艦大和の援護に行きます。しかし、上空に着いた時には大和はすでに沈没寸前の状態でした。映画ではカメラが船内の様子をなぞっていきますが、船内には海水が溢れ、血が流れていて生存者は見えません。やがて、大和は大爆発を起こして沈んでいきます。このシーンで谷村新司の「群青」が流れます。

曲の一番が終わり、間奏に入ると、カメラは操縦席の中井貴一を映します。中井貴一は、飛行機から大和を見ながら、「お父さん、親よりほんの少しだけ長く生きていることが、せめてもの親孝行です」と、大和と共に沈もうとしている父に語りかけます。「親より長生きするのが親孝行。戦争は親不幸をたくさん作る」。監督は、どうしてもこの一言を加えたかったので、シナリオライターの須崎勝彌さんに頼んで、入れてもらったとのことでした。「ここをぜひ見てほしい」と、上映の前の講演でお話されました。

一休禅師に、正月にめでたい言葉を書いてほしいと頼まれ、「親死ぬ、子死ぬ、孫死ぬ」と書いたという話があります。「縁起でもない」との言葉に、「それでは逆がよいのか」と一休さんが言われたというお話です。

子が親に先立つ、逆縁ほど悲しいことはありません。残された家族の悲しみも深い、逆縁のない世を願わずにはおれません。

小野田寛郎さんの講演

平成16（2004）年10月に、宇佐文化会館大ホールで小野田寛郎（おのだひろお）さんの講演会を開きました。小野田さんは、戦争中の昭和19（1944）年にフィリピンのルバング島に派遣され、終戦も知らされずに昭和49（1974）年3月に日本に帰還するまで、30年間ジャングルで、最後はたった一人の戦争を続けていた人です。日本へ帰還した時には、大変な話題になりました。テレビに映った小野田さんの、敬礼をした姿がとても印象的だったのを思い出します。帰国から1年後に、ブラジルで牧場を経営するお兄さんを頼ってブラジルに渡り、牧場を開拓し、1200町歩の牧場に、1800頭の牛を飼うまでになりました。

その小野田さんが子どもたちのために、自然体験キャンプ「小野田自然塾」を始めたのは、昭和52（1977）年に起きた「金属バット両親殺害事件」に衝撃を受けてとのことです。自然から教えられた体験を子どもたちに伝えようと、活動を続けられていました。その小野田さんが日本に帰還してから30年目の節目の年に、小野田さんの講演会と写真展を開く機会を得たのです。演題は「生きる―親が変われば子も変わる―」。不登校やいじめで悩んだり、生きることの目標をつかめない人々にぜひ聞いていただきたいとのことで、ジャングルでの貴重な体験談などを中心に、お話をしていただきましたが、私たちの平穏な日常生活の中からでは、想像もつかないような過酷な日々の話でした。

そもそも小野田さんたちがルバング島に残って戦争を続けたのは、終戦も近い頃に上官から、「日本がアメリカから占領されても、満州に亡命政権を作って戦争を続けるだろう。そうするとアメリカは民主主義の国だから、長く戦争を続けていると、厭戦気分が起きて、いずれは帰って行くだろう。それまで、ルバング島を護っていてくれ」と言われたからでした。大半の部隊は制圧されて、終戦後は小野田さんたち四人が残りました。それでも命令をまもり、ゲリラ活動のように戦闘を続けていたのですが、最後は小野田さん一人になってしまいました。ジャングルの中で、一人で生き抜かれたお話は壮絶でした。牛を殺して燻製の肉を作って食べたとか、田んぼの米をたくさん取ると、取ったことが

小野田寛郎講演会チラシ

分かるので、少しずついろいろな田んぼから取っていたなど、本当に一人で生き残る大変さを感じました。

その中で強調されていたのは、「人は一人では生きていけない」ということでした。仲間がいる間は、交代で眠ったりできるのですが、一人になると、木などに寄りかかってすぐに起きられる状態にしなければならないそうです。横になって熟睡してしまうと、敵が来ても気づかないので、横になって眠ることはできなかったのです。それで日本に帰国して病院に入っても長い間、横になって寝たことがなかったので、ベッドを斜めにしてもらって寝たとのことでした。また看護師さんが夜中に見回りに来た際には、どんなに忍び足でも目が覚めたとのことでした。本当に安らぐことのない、緊張の連続だったことが分かりました。特に、背後からの音には、無意識に反撃してしまうという話では、「ゴルゴ13と同じですね」、という感想を話されている人もいました。

今日の豊かになった日本では、自然に触れることがなくなって、心が荒れているのではないか。どんな環境でも、まず生き残れる力を養うことが大切だ、とのお話はとても考えさせられました。小野田自然塾のようなサバイバルゲームとまではいかなくても、人も自然の中の生きものです。野菜や花などを育てて、土や自然に触れることの大切さを感じました。

講演会が決まってしばらくした頃、宇佐市内の蓮光寺の白石宗典（むねのり）住職からお電話をいただきました。仲間と小野田さんを囲んで昼食会をしたいとのことです。どんなご関係ですかと伺うと、小野田さんと同じ陸軍中野学校の出身者たちとのことでした。いつもお会いする住職さんでしたが、それまで陸軍中野学校の出身とは知りませんでした。小野田さんが帰国するまでは、奥さんにも中野学校の出身とは話していなかったそうです。スパイの養成学校のように言われ印象が悪かったのですが、小野田さんが帰国してから中野学校の評価も少し変わり、仲間で集まるようになったそうです。講演会の日、市内の料亭「丸（まる）萬（まん）」で小野田夫妻をかこんで昼食を取りながら、昔話に花が咲いていました。

ちなみに小野田さんのお話の中に、陸軍中野学校での教育で、メモは一切とらない、大切なことは全て頭の中に記憶するとの話がありました。メモを持って死ぬと、敵に情報がもれてしまう可能性があり危険なので、記録をしないというのです。それでカレンダーがないまま30年暮らしていたが、実際は3日程ずれていたのでショックを受けたと言われました。「今日は何日だったかな？　何曜日？　と、今日のことも分からないことがあるのですが、よく分かりましたね」とお話すると、「難しいことではありませんよ。昨日が1

後列左より８人目、小野田寛郎さん、右隣・町枝さん

月1日なら、今日は2日、今年は閏年だから2月29日と、数えていけばよいのです。ただ、敵に撃たれて意識を失っていた時に、日にちを間違えたのでしょう」とさりげなく言われたのには驚きました。

小野田さんのお話はもちろんですが、一緒にみえた小野田さんの奥さん、町枝さんのお話も、私たちだけでお聞きするにはもったいないようなお話でした。奥さんは保険会社の代理店を経営するようなキャリアウーマンだったのですが、それだけに日本には男らしい男はいないと思っていたそうです。それが小野田さんの帰国した時のテレビを見て、「この人こそが男だ」と思ったそうです。それで人を介して紹介してもらい、押しかけ女房のようにブラジルに渡り、結婚したとのこと。しかしブラジルでも田舎の方で、電気も水道もない暮らしは、それまで経験がなく、洗濯機も炊飯器もない、何もかも初めての経験だったとのことでした。それでも「小野田さんの生きたいようにしてあげたい」と、日本に帰ってからの家も、小野田さんが「高いところから広く見てみたい」と言うと、高層マンションを探し、「庭があるところに住みたい」と言うと、庭付きの一戸建てを探すといった具合に、それこそ優秀なマネージャーのようでした。お二人の仲はとてもよく、私の寺で小野田さんに色紙を書いてもらう折に、奥さんが横にいていろいろ注意をすると、「うるさいから、しばらく向こうに行っていなさい」と小野田さんが言うと、「ハイハイハイ」とよそに行くのですが、しばらくするといつの間にか横にいて、また世話をしているといった微笑ましい様子を見せていただきました。

一度、小野田自然塾を見せていただきたいと思っていたのですが、かなわないまま小野田さんも亡くなられて、貴重な証言者が一人減ってしまったと残念に思いました。しかし、小野田さんの伝えたかった思いは、大切にしていきたいと思っています。

5　保存と伝唱

宇佐航空隊平和ウォーク

戦後60年にあたる平成17（2005）年は、戦後還暦といわれた年でした。豊の国宇佐市塾の宇佐航空隊への取り組みも17年目に入り、これまでの活動の合言葉「発掘、保存、伝唱」の活動の中でも、航空隊の歴史の発掘、そして発掘したことを保存、記録する本の『宇佐航空隊の世界』も「I～IV」と4冊になりました。ほぼ資料的な発掘活動は終わったのではないかとの意見も出て、これからは宇佐航空隊の歴史などを若い人や子どもたちに伝えて行く「伝唱活動」に移っていくことが必要だということになりました。

そんな伝唱活動の一つとして、私は「宇佐航空隊平和マラソン」を提案しました。航空隊のあった敷地の周囲をマラソンで巡り、戦争の跡を知ってほしいと思ったのです。ただこのマラソンについては、メンバーの椎野純さんから異論が出ました。マラソンは交通規制などの関係もあり、許可を取るのが大変なことと、参加できる人がマラソンのできる人に限られるので、参加者も少ないだろうというのです。それよりも、ウォーキングで航空隊の跡地を巡る「宇佐航空隊平和ウォーク」の方が、参加者の幅も広がり、よいのではと

平和ウォークの様子

の意見でした。それまでウォーキングが盛んになっているのを知りませんでしたが、聞いてみると、確かにブームといえるほどウォーキングが盛んになっているようでした。それではガイドもつけて、航空隊の歴史や遺構の説明をしたら、より宇佐航空隊について知ってもらえるだろうと、「宇佐航空隊平和ウォーク」を始めることになりました。

平成17年5月23日、第1回の宇佐航空隊平和ウォークが開催されました。あいにく時折小雨も降る天気でしたが、宇佐市外の方にも多く参加をいただき、300人を超える参加者があり、うれしい誤算でした。コースは、1・5キロ程の短いコースから、一周10キロ程のコースまで、小さな子ども連れの親子から年配の方まで、幅広い年齢の方に参加していただきました。

コースは、集合場所から30人程にガイドが1人ついて、機銃掃射の弾痕が残っている塀やB29の空襲で壊れた柳田清雄（やなぎだすがお）の碑、空襲から奇跡的に残った柳の木などがある柳ヶ浦小学校や、B29の空襲で本堂や庫裡（くり）が全壊したのに奇跡的に山門だけが残り、「生き残り門」といわれている蓮光寺の山門、航空隊の忠魂碑、落下傘を納めていたというレンガの建物で一面に機銃掃射の弾痕が残る落下傘整備所、爆弾でできた穴が池になった爆弾池などを見てまわります。

また、滑走路跡に近年作られた道路は、幅こそ16メートルと滑走路の5分の1ですが、まっすぐに海に向かって伸びた路は、特攻出撃の様子などを偲ぶことができます。宇佐市の史跡にも指定されている城井一号掩体壕では、掩体壕作りの様子や文化財指定のことなどを、そして中型掩体壕と無蓋掩体壕では、日本で最大級の掩体壕や、人間爆弾「桜花」などの説明をします。その他、誘導路跡、飛行場外側の排水路、エンジン調整場などを巡りました。

参加の方からは、「宇佐に飛行場があったことや、空襲でたくさんの方が亡くなったことなど、今日参加するまで知らなかった」という若い人や、「勤労奉仕で爆弾池を埋めに来たことを思い出した」という年配の方まで、さまざまな方がいました。実際に予科練などで戦争に参加していた人たちにも、掩体壕などで当時の体験を話していただき、参加者は体験談を熱心に聞いて、質問をする人も多くいました。また、ちょうどコースの中間にあたる教覚寺では、おにぎりとお茶の接待をしてもらいました。このおにぎりは寺の仏教婦人会の方々に作っていただいたもので、とてもおいしいと好評でした。

この戦後60年目の節目の企画「宇佐航空隊平和ウォーク」は予想以上の反響で、航空隊の歴史や戦争の歴史を伝えるために、とてもよい催しと感じました。これを続けて行くことによって、多くの人に宇佐航空隊のことや、私の町も戦場だったということを知ってもらえる、と翌年も続けることになりました。その後、この平和ウォークは、豊の国宇佐市塾の活動の中でも大きな柱の一つになりました。

平和ウォークでは、意外な発見もありました。それは、航空隊の爆弾池から滑走路跡まで約1キロ続く麦畑です。宇佐は県下でも一番の麦作りの地で、特に宇佐航空隊の跡は、ほとんど一面の麦畑です。さすがに麦ばかりを見て1キロ以上も歩くのは退屈だろう、と心配していたのですが、遠くから参加した方の感想はまったく違ったものでした。

「こんなに広い麦畑は初めて見ました」

「360度、一面の麦の畑の中を歩くのが素晴らしかった」

など、麦畑の風景に感動する方が多かったのです。これはいつも麦畑を見つけている私たちには、驚きでした。改めて麦畑を見ると、それこそ麦の秋。黄金色の麦が刈り入れを待っている状態です。特に地元の人が「飛行場」と呼ぶ田んぼは広く、これだけの広さの麦畑は、県下でもそんなに見ることはできないでしょう。麦秋の麦畑をぜひ一度、多くの方に歩いてもらいたいものだと思っています。この麦畑は、麦刈りが終わると、すぐに田植えの準備が始まるのです。

宇佐航空隊平和ウォーク、子どもガイド

宇佐航空隊平和ウォークを続ける中で、ぜひ実現したいと思っていたことがありました。それは、航空隊の遺構が残る周辺のそれぞれの小学校の子どもたちに、地元の遺構についてガイドをしてもらいたいということです。そして、それは平成22（2010）年の第6回平和ウォークで実現しました。柳ヶ浦小学校の6年生が、校区に残る機銃掃射の弾痕の跡や、生き残り門などについて学んで、平和ウォークの参加者に現地で説明をしてくれたのです。

私たち大人のガイドより、子どもたちの説明の方が、参加者ははるかに熱心に聞いてくれます。説明が終わると感激して拍手をする人もいました。参加者の中から「ちょっと質問があるのですが」との声があり、そばにいた校長先生はびっくりして「だいじょうぶかい」と子どもに聞いていました。子どもの方が落ち着いていて「だいじょうぶだと思います」と言って、質問に答えていました。

子どもたちがよく勉強しているのには驚きました。事前の勉強会で私が、航空隊の歴史

柳ヶ浦小学校の子どもガイド

や、校区に残る遺構の説明をしていました。ところが当日は、私が説明していないことをたくさん話しているのです。

「どこで勉強したの」と聞くと、「お父さんがインターネットで調べてくれた」とか、「おじいちゃんとおばあちゃんが、昔の話を教えてくれた」と言うのです。子どもがガイドをすることで、家中が宇佐航空隊に関心を持って、いろいろ家の中で話している様子が目に浮かぶようでした。当日は孫がちゃんと説明をできるだろうかと、そっと離れたところからガイドの様子を見ているおばあちゃんもいました。そして立派にガイドをする孫の様子に、涙を流していました。

翌年には八幡小学校の子どもがガイドに加わ

り、終戦70年にあたる平成27（２０１５）年の第11回宇佐航空隊平和ウォークからは、四日市北小学校と駅館小学校が加わり、宇佐航空隊の敷地の周囲の全ての小学校がガイドに参加してくれることになりました。

４校の子どもガイドは、合わせて１００人程もいます。毎年１００人の子どもたちが宇佐航空隊の歴史や遺構を学び、参加者に説明してくれるのです。「教えることは、学ぶこと」といいますが、伝えようと学ぶことは、なにより本人の学びになると思います。自分たちの町が戦場だったことを学び伝えた子どもたちは、大人になっても平和の大切さを忘れないことでしょう。こうした子どもガイドが10年、20年と続いていく中で、１０００人、２０００人と郷土の歴史を学んだ子どもたちが育っていきます。参加者に宇佐航空隊について知ってもらうだけではなく、子どもガイドに参加してくれた子どもたちも、平和について学ぶことが大きいと思います。この子どもガイドの参加者も、平和ウォークの大きな成果になるだろうと思うのです。

平成30（２０１８）年3月に、豊の国宇佐市塾の30周年の催しを開きました。その際に、前年の第13回平和ウォークでガイドをした柳ヶ浦小学校と八幡小学校の子どもに参加してもらい、ガイドの様子や、感じたことを話してもらいました。平和ウォークでのガイドの経験や、長崎への修学旅行での学習などを通して、「平和とは、足元にあるものだと思った」との言葉はとても印象に残りました。「朝起きて、顔を洗い、食事をして、学校に行く。そうした日常の中にこそ平和があると感じた」というのです。平凡な日常の中にある「足元の平和」の大切さに気づけることは、すばらしいと思いました。「これからも地元の戦争の歴史を学び、平和とは何かということを考えていきたい」との子どもの発表を聞いて、会場で思わず涙する人もいたほどでした。この「足元の平和」の言葉は、私もそれから使わせてもらっていますが、子どもから教えてもらったものです。

平和が大切だということには、誰も異論はないでしょう。しかし本当に平和が大切だと知るには、戦争の歴史を学んでこそ、分かるのだと思うのです。これからも平和ウォークなどを通して、「足元の平和」に気づく人が多く育ってくれることを願わずにはいられません。それにつけても、続けていくことの大切さを改めて思いました。

戦後還暦、平和の記念碑と、平和のともしび

平成17（2005）年8月15日は、終戦から60年、戦後還暦ということで、テレビや新聞でも大きく取り上げられました。宇佐では、この年の5月に宇佐航空隊平和ウォークが始まりました。また宇佐市甲飛会（甲種飛行予科練習生の会）、宇佐の文化財を守る会、豊の国宇佐市塾の3つの団体が中心となり、「宇佐海軍航空隊滑走路跡平和記念碑設置推進委員会」を作り、松本道弘（まつもとみちひろ）委員長を中心に、宇佐航空隊に関心のある全国の方々に、記念碑設置のための寄付をお願いしました。

記念碑は、滑走路跡に作られたフラワーロードの両側のグリーンベルトに、特攻隊員の人たちが出撃する際、手を振って見送った地元の人をイメージした石柱（モニュメント）です。これを1基、5万円ということで寄付をお願いしました。その結果、221人、17団体から789万円が集まり、滑走路跡に72基、2年前に寄付で作ったものと合わせると、86基の記念碑が設置できました。また、城井一号掩体壕には、「鎮魂」と刻んだ御影石の台座の上に、丸い石を置いた、「平和の記念碑」も作られました。この「鎮魂」の字は、

宇佐神宮と東大寺とのご縁で、奈良東大寺森本公誠（もりもとこうせい）別当に時枝正昭宇佐市長がお願いして、揮毫していただいたものです。また、短歌や俳句を彫った碑、25基も設置しました。

8月15日の除幕式には、２００人程の参加者が見守る中、下城井地区の小学生や、松本道弘委員長、時枝正昭宇佐市長などにより、「平和の記念碑」の除幕式がありました。この折、松本道弘実行委員長が挨拶で、「戦後60年で戦争のことを終わりにしようとする風潮があるが、まだまだ、自分たちの戦争体験を後世に伝えていかなければならない」と話されたのが印象的でした。

松本さんは、それまで戦争のことは語られなかったのですが、終戦から50年を経た頃から、「戦争のことが正しく伝わっていない。亡くなった人たちのことを正しく知ってもらいたいとの気持ちで語り始めた」「過去を忘れると、同じ過ちを繰りかえす。過去をしっかり見つめ直し、これからの日本の進むべき道を考える時だ」と話されていました。そんな気持ちもあったのでしょう、記念碑の建立も、多くの方々に積極的にお願いをしていただきました。松本さんを始め甲飛会の方々の尽力で「平和の記念碑」ができたと思っています。そしてその方々の願いは、次に続く私たちが受け継ぎ、次の世代の人々に伝えていかなくてはと思います。

平和のともしび

この除幕式のあった8月15日の夜に、空襲や特攻で亡くなった人々への送り火のような気持ちも込めて、滑走路跡に作られたモニュメントに、ペンライトで明かりを灯しました。これが後の城井一号掩体壕での「平和のともしび」の始まりとなりました。もっとも、この時は「平和のともしび」の言葉はもちろんのこと、こうした催しを続けることになるとは思いもしませんでした。

翌年、平成18（2006）年は5月14日に、宇佐航空隊平和ウォークにあわせて、「城井掩体壕平和の集い」を開きました。この集いが開かれるようになったのは、平和記念碑の除幕式の際に、参加者の方から「この事業の精神を伝えるような催事を毎年続けてほしい」との要望があったためでした。多くの方々に寄付をしていただいたことに応えるためにも、催しは必要との意見がまとまり、まずは宇佐航空隊平和ウォークとあわせて催しを開こうということになりました。5月14日午後2時から城井一号掩体壕で、下城井の子ども会のコーラスや、読経、焼香、そして、子どもたちと紙飛行機飛ばし大会を開きました。掩体壕を背景に紙飛行機が飛び交う様子を見ながら、宇佐航空隊でも多くの小学校が参加して、紙飛行機大会が催されていたとのことで、その大会もこんな様子だったのだろうかと思いました。

また7月には、「平和記念碑設置委員会」を主体に、地元の下城井地区の方々にも協力していただき、「第1回城井一号掩体壕、平和のともしび委員会」が開かれ、8月15日午後7時半から、「平和のともしび」の催しを開くことになりました。平成18年が「平和のともしび委員会」としての初めての催しですが、後になり前年の終戦60年の年の、ペンライトを灯しての催し（宇佐海軍航空隊滑走路跡平和記念碑設置推進委員会の主催）も含めようということになり、現在では平成17年からの開催として回数を一回増やして数えています。

これまで、終戦50年の年にあたる平成7（1995）年には、城井一号掩体壕を宇佐市の史跡に指定して保存整備事業を実施しました。また終戦60年にあたる平成17（2005）

「平和のともしび」での横光大委員長

年には、多くの方のご協力を得て、城井一号掩体壕に「平和記念碑」を建立できました。しかし大切なことは、この戦争の記憶を風化させず、次の世代に平和の大切さを伝えることです。そして、伝えるための催しの必要なことを、熱心に言われたのは、松本道弘委員長を始め、横光大（よこみつたけし）さん、小野多守（おのたもる）さん、吉村功（よしむらいさお）さんなど戦争を体験した予科練の方たちでした。特に松本道弘さんの口癖は「このままあの世に逝ったら、戦死した友たちに顔向けができない」、「子どもたちに、平和が大きな犠牲の上にあることを伝えなければならない」、「十分な葬式もあげられずに死んでいった人々の魂を鎮めなければ、戦後は終わらない」でした。そうした方々の願いがこもった催しでした。

平成18（２００６）年8月15日、「城井一号掩体壕、平和のともしび」は、午後7時半から開会し、開会のことば、黙とう、主催者「平和のともしび委員会」松本道弘委員長あいさつ、来賓の時枝正昭市長あいさつ、「平和のともしび」点灯、そして、甲飛会の方々の要望で読経、といっても私の読経なのですが、その読経中に焼香、そして、フルートの演奏は豊田昌子さん、閉式のことばは、下城井地区自治委員の赤坂盛儀（あかさかもりよし）さん、司会は豊の国宇佐市塾の鹿瀬島元子さんでした。特に、平和のともしびで点灯した竹灯籠71基は、藤祐次さんに竹の切り出しから制作指導までしていただき、下城井子ども会の親子が中心になって作ってくれました。当日は１３０名程の参加で、にぎやかな中に、厳粛な雰囲気のただよう会になりました。この竹灯籠はその後、藤さんから横光大さんへと受け継がれ、横光さんは亡くなる数年前まで、竹の切り出しや制作指導などにご協力をいただきました。

　平成19（２００７）年には参加者も１５０名程に増え、下城井子ども会の親子の方などで制作した竹灯籠も１３０本程に増えました。またこの年から、空襲等で亡くなった方で名前の分かった方を、催しの中で読み上げることを始めました。これは豊の国宇佐市塾の井上治広さんが熱心に調査した成果です。柳ヶ浦高等女学校の今永益美さんを始め、中須賀蓮光寺付近で亡くなった10名の方、山下の行時一二三さん、畑田空襲で亡くなった３名の方など、民間の方20名の名前が分かりました。また、航空隊関係の方で、空襲等で亡くなった48名の名前も分かり、合計68名の名前を紹介しました。これは平成20（2008）年にはさらに民間の方15名、航空隊関係者22名の名前が分かりました。令和4（2022）年には、432人の方々が亡くなっていることが分かったのですが、半数程の人は、まだ名前が分からないのです。亡くなられた方々が、名前も分からないままに忘れられるのではなく、きちんと記録され、伝えられていくことは大切なことだと思います。それも井上治広さんの、30年を越える地道な努力のたまものだと思います。

平成20年には、仏教だけでなく、いろいろな宗旨の人にも広く参加してもらえるようにと、高家神社の宗像宗臣宮司の祝詞奏上も加わりました。フルート演奏では、豊田昌子さんに「赤とんぼ」「千の風になって」「海ゆかば」「ふるさと」を演奏してもらい、参加者も一緒に歌いました。委員長だった松本道弘さんが亡くなり、委員長が今戸公徳さん代わりました。松本道弘さんは病床で、「千の風になって」の歌がお気に入りだったそうです。きっと千の風になって、毎年催しに参加していただいていることだろうと思います。

この年からは、下城井の子どもたちだけではなく、高家小学校や駅館小学校の子どもたちからの、紙に平和の願いなどを書いて、ペットボトルの容器に貼り付け、中にローソクを灯す「平和のともしび」120本程が加わり、よりにぎやかになりました。現在では、市の内外から小、中、高校生を中心に、「平和のともしび」が1000本程も集まります。「いつまでも平和が続きますように」とか、「亡くなった人にお花を」とチューリップの絵を書いたものなど、様々です。私が個人的に嬉しかったのは、その中に「いつまでも戦後が続きますように」との言葉があったことでした。

戦後還暦といわれた年に有名な方々がテレビなどで、「もう戦後も還暦なのだから、いつまでも戦後戦後と言わず、普通の日本にならなくてはいけない」と言われていました。たまたまこのテレビを見ていて、「60年で戦後が終わるわけではない」と言うと、横にいた新聞記者の方が「じゃあ平田さんの戦後は、いつ終わるのですか。100年ですか、200年ですか」と聞くのです。「決まっています。次の戦争が始まるまでは戦後です。戦後古稀、戦後米寿、戦後白寿と続いていってほしい」と話しました。実際、先進国といわれている国の中で、70年以上も戦争をしていないのは日本だけでしょう。この歴史はもっと世界に誇ってよいことだと思うのです。

「平和のともしび」の委員長は、その後横光大さんとなり、そして令和3年より私が委員長をさせてもらうことになりました。いよいよ戦争体験者が少なくなり、戦後生まれの私たちにバトンを渡されたようで、体験者の方たちの願いを忘れないようにせねばと思っています。

「平和のともしび」は現在では、黙とう、「平和のともしび」点灯式、そして献花、フルートやチェンバロなど毎年いろいろな方による演奏会、「海ゆかば」と続いて、最後に参加者全員で「ふるさと」を合唱します。亡くなった人たちは、ふるさとを守るために亡くなったのでしょう。その方々に見てもらって、恥ずかしくないふるさとになっているだろうか。そんな反省も含めて、毎年「ふるさと」を歌う時には涙が出そうになります。

「平和のともしび」は、コロナ禍の令和２（２０２０）年、令和３（２０２１）年も開催しました。令和2年には演奏会などの代わりに花火を打ち上げました。また、令和3年も、「ふるさと」の歌などは、声を出さずに歌うということで開催してきました。先輩たちの願いがこもった「平和のともしび」は、いつまでも続いていってほしい、大切な催しだと思っています。

宇佐航空隊のモニュメントと、句碑「八月や六日九日十五日」

宇佐の城井一号掩体壕の傍に、「八月や六日九日十五日」の句碑が建っています。これは平成17（2005）年に宇佐の文化財を守る会・宇佐市甲飛会・豊の国宇佐市塾の三団体で、宇佐海軍航空隊から特攻出撃する人を見送る人たちをイメージしたモニュメントを設けた中の一つです。滑走路跡に建てられている72基のモニュメントには、設置に協力していただいた人の名前が彫ってあります。また、掩体壕の傍にある25基には、それぞれ戦争や航空隊への思いを込めた俳句や短歌が彫ってあります。

その最初の句「八月や六日九日十五日」は以前、小郷穆子（おごうしずこ）さんが大分合同新聞の「灯」欄で紹介されていた句です。ぜひこの句をモニュメントに彫らせていただきたいと、作者の諫見勝則（いさみかつのり）さんにお願いして、使用の許可をいただき、建てることができました。小中学生などが掩体壕を見学に訪れた折には、いつもこの句を紹介しています。「八月六日は広島に原爆が落とされた日。九日は長崎、そして十五日は終戦です。いつまでも覚えておいてほしい日です」と話しています。

このモニュメントができてすぐに知人の女性から、「あれは私の句です」と電話をいただきました。どこかに発表されていますかと聞くと、私の句帳にあるだけだとのこと。ただこの句は知人の方だけでなく、多くの方が作っていました。小林良作さんも同じ句を作られた一人で、所属する俳句会に投句をしたら、先行句があると連絡を受け、それも詠み人不詳とのことだったそうです。

その作者を知りたいと調べていくと、この句は多くの人が作っていました。その最初の方は誰なのかと調査を進めた経過は、『八月や六日九日十五日』という本にまとめられています。

諫見勝則さんの句碑

その本によると最初の作者は、宇佐のモニュメントに彫られている尾道市の医師、諫見勝則さんだろうとのことでした。諫見さんは諫早市の出身で、終戦の折には海軍兵学校の生徒として江田島にいて、広島の原爆を体験しています。戦後は長崎大学医学部に入り、長崎の原爆の跡も実際に見ています。この句の作者にふさわしい方でした。

ちなみに、モニュメントの最後にある「特攻の跡訪ぬれば麦の秋」（蒲公英）は、私が5月の平和ウォークの際に詠んだ句です。毎年5月に宇佐航空隊跡をウォーキングで回ると、昔の航空隊の跡は田んぼに戻り、一面の麦畑です。なんとも長閑（のどか）な田園風景で、特攻隊が出撃したり、空襲が連日のようにあった戦場だったことは想像もできません。しかし、私たちの町も戦場だったことを忘れてはいけないと思うのです。

伊藤金二郎制作の軍艦模型

私が小学校6年生の頃、大阪府豊中市の母の実家から、祖父が作った軍艦模型を一隻もらってきてペンキを塗ったりして夏休み中、これで遊んだことがあります。この船が「出雲」という船だったことは、後になって知ったのですが、今改めて見ると子どもの玩具にしては立派すぎるものでした。平成17（2005）年、終戦から60年の年に、この「出雲」も含めて祖父伊藤金二郎制作の「軍艦模型展」を教覚寺で開きました。

祖父伊藤金二郎は学生時代から船の模型作りを始めて、趣味が高じて日本海軍の全ての艦船を制作するまでになりました。昭和17（1942）年3月に57歳で亡くなっているので、日本海軍の負け戦や、戦艦大和なども知らなかったと思いますが、当時の新聞記事にあるように、生前少なくとも560隻以上は造っていたと思われます。戦前これだけの軍艦模型を造っていたのは、祖父金二郎だけではないかと思います。

当時は軍艦の情報は軍の機密事項で、図面などあるはずがありません。雑誌などに載った写真と、全長何メートル、幅何メートルといった情報で図面を書いていたようです。そ

伊藤金二郎と軍艦模型

のため、今のプラモデルのように図面に基づいて作ったものではないので、正確とはいえないでしょう。それでも、当時「海軍博覧会」などに展示をされていました。

特に祖父の軍艦模型は単なる模型ではなく、プールに浮かべて、リモコンで操縦することのできるものでしたから、趣味で作った物とはいえ、その頃としては画期的なことでした。いろいろな博覧会で引っ張りだこだった様子は、当時の新聞記事からも知ることができます。祖父の軍艦模型は、単にリモコンで動くということだけではなく、模型製作の水準が、専門家からも高く評価されるほどだったことが知られます。昭和15（1940）年には、当時は日本に併合されていた韓国の李王、李垠、方子夫妻も見学にみえたと新聞記事にあります。

また、展示だけではなく、三笠宮様には戦艦「三笠」を、ドイツのヒットラーには戦艦「アドミラル・グラーフ・シュペー」を贈り、ムッソリーニにも贈って礼状などをもらっていました。残念なことに戦争中、礼状はずっと家の防空壕に入れていたら湿気でボロボロになってしまい失われてしまいました。しかし、添えられていたヒットラー直筆のサイン入りポートレートだけは、今も残っています。横顔でスターのブロマイド写真のようですが、下にサインをする枠があり、ヒットラーの直筆の署名が書かれています。ドイツとの交流を研究されている別府大学の安松みゆき先生によると、「礼状に写真を添えるのは特別な時で、お祖父様の場合も、特別に丁寧な礼状だったのでしょう」とのことでした。

ヒットラーのサインが入ったポートレート

祖父の軍艦模型の多くは、大阪海軍会館に展示されていたのですが、終戦の混乱で失われてしまい、今は家にあった20隻あまりしか残っていません。その船も海軍記念

伊藤金二郎制作の軍艦模型（展示、教覚寺）

日の催しなどの折、プールに浮かべ「無電操縦」で動かしていたそうで、傷みが酷い状態です。残っている船の中で最も大きいのは、ドイツの「アドミラル・グラーフ・シュペー」で、長さ302センチ、幅は40センチもあります。次に大きいのは「戦艦扶桑」で、長さ258センチ、幅38センチです。扶桑クラスの戦艦だと、制作には800時間程を要し、一日8時間制作をしても、3ヶ月かかったそうです。それも、図面の製作に半分、実際の製作に半分と、図面の製作に時間がかかりました。他に、戦艦三笠、出雲、軽巡洋艦神通、駆逐艦薄雲、如月、朧、水雷艇友鶴、砲艦熱海、潜水艦伊1号、イギリスの戦艦ロドネー、同巡洋艦デボンシャー、米重巡洋艦インディアナポリスなどが残っています。

本物の戦艦等の大半は沈み、乗員の多くが船と運命をともにしたことでしょう。それこそ「兵(つわもの)どもが夢の跡」、そして、軍艦マニアの祖父の夢の跡でもあります。祖父の軍艦模型は安松先生の論文には、「高度な金属加工と、動く模型を実現させて技術の高さを示しているが、個人の趣味を超えた歴史的な視覚資料としての意味も持ち得るもので、(中略)この稀有な歴史資料を修復の上、常設的な展示をされることを提言したい」と書かれています。なんとか修復して、多くの人に見てもらうことが、祖父への供養にもなることだろうと思っています。そのためにも、まずは修復をしてくださる人を探さなくてはならないのですが……。

一青窈さんと掩体壕見学感想帳

城井一号掩体壕には、訪れた人に感想を書いてもらえるようにと「見学感想帳」が置いてあります。遠近各地から訪れた多くの方が、いろいろな感想を書いてくれています。平成18（2006）年4月18日の見学帳には、こんな記帳がありました。

2006．4．18　東京
アメリカと　日本と　もっとたくさんの国中の
たくさんの悲しいできごとが　消えて
たくさんの花が咲きますように。　一青窈（ひととよう）

歌手の一青窈さんが、大分市でのコンサートを前に宇佐の城井一号掩体壕を訪れて、見学帳にメッセージを書いてくれていたのです。その時には、掩体壕の公園を管理していた下城井の赤坂盛儀区長さんも気づかなかったそうです。しかし一青窈さんが大分市でのコンサートの中で、宇佐の掩体壕を訪れた折の感想などを話され、その話を聞いた人たちが次の日からたくさん宇佐の掩体壕を訪れて、見学感想帳にそれぞれの思いを書いていました。

「この場所を知ることができたこと、平和について考えることができたこと、窈さんに感謝」

「一青窈さんのライブでこんな場所があると聞いて見に来ました。今でもいろいろな国々で戦争が続いていますが、一日も早く世界中の争いごとがなくなるように祈っています」

一青窈さんのサイン

「一日も早く世界中が平和になりますように、君と好きな人が百年続きますように」

などと書かれていました。その多くの感想を見て、一青窈さんが掩体壕を訪れていたことが分かったのです。

一青窈さんが掩体壕を訪れたことは地元でも話題になり、新聞記事にまでなりました。新聞にも載ったので、多くの人が一青窈さんが掩体壕で書いたメッセージのことを知ったのです。早く見学感想帳をしまっておかないと盗まれるかもしれないと話しているうちに、一青窈さんの記帳したページが、誰かに破り取られてしまいました。早くしまえばよかったといっても、後の祭りです。おまけにこの一青窈さんのメッセージが破り取られた件は、新聞の全国版に載ったのです。おかげで東京の知人からも、「大変でしたね」と電話をもらったりしました。

この見学感想帳は、下城井地区の「平和のともしび実行委員会」が城井一号掩体壕の中に置いていました。平成22（2010）年には、それまでの6冊の感想帳をまとめて、『鎮魂—掩体壕は語る—』という冊子にまとめています。その冊子を見ると、出撃された方のご遺族を始め、甲種予科練習生の方、勤労動員で宇佐に来た方、家族で訪れた小学生など、多くの人の感想が書かれています。

「学徒奉仕したこと思い返し、感無量です。プロペラみがきを思い返しました」

「京都から来ました。のどかな宇佐の町で、先の大戦の遺跡にめぐりあえるとは思いませんでした」

「主人が特攻隊でした。唯々わけもなく胸にじんと来る涙だけです。戦争は何が何でもしてはなりません」

「平和とは守っていくものではなく、絶えず創り出していくものだと考えています。こちらの掩体壕は平和学習にも積極的に利用されているように拝察します。とても素晴らしいことだと思います。戦死した方々全員のご冥福をお祈りします」

「今の世の中に、真に伝えるべき場所だと思いました。この広い大空に散った人がいたことを忘れてはいけません。願わくば、永遠の平和を」

見学感想帳を管理して、こうした記録を残していただいている下城井の平和のともしび実行委員会の方々に、改めて感謝したいと思います。

一青窈さんの破り取られた見学感想帳のメッセージが返ってこないので、なんとか改めて書いてもらいたいと思っていたのですが、なかなか機会がありませんでした。それが5年以上も経った平成23（２０１１）年12月9日、今度は地元の宇佐文化会館で一青窈さんのコンサートが開かれました。その折、岡本泰治さんが尽力してくれて、コンサートの後に一青窈さんと楽屋でお会いすることができました。そこで、せっかく書いていただいたメッセージを破り取られたことなどを話して、改めてメッセージを書いていただきたいとお願いしました。一青窈さんは快くお引き受けくださり、すぐにその場で書いてくださいました。

子供たちの　平和が
いつまでも　いつまでも
１００年　続きますように。
２０１１．12．９．一青窈

城井一号掩体壕も一青窈さんの記憶の中に残っていたのでしょう。掩体壕のイラストも添えていただきました。そこで今回は、同じ過ちを繰り返してはいけないと、一青窈さんのメッセージが取られてもよいように、コピーを置くことにしました。

「子どもたちの平和が１００年続きますように」との一青窈さんのメッセージの願いも込めて、それ以後の「平和のともしび」では、一青窈さんの歌「ハナミズキ」を流すようになりました。それで今では、「ハナミズキ」と、最後に歌う「ふるさと」の2曲が、「平和のともしび」の催しのテーマソングのようになりました。

人間爆弾「桜花」と湯野川守正さん

宇佐神宮の南側の階段、通称百段と呼ばれている場所で写った写真があります。人間爆弾「桜花」に搭乗して特攻出撃する前、宇佐神宮に参拝した際の記念写真です。写真の前列左より2人目の方が音楽評論家・湯川れい子さんの兄、湯野川守正（ゆのかわもりまさ）さんです。昭和20（1945）年3月18日、湯野川さんたちは宇佐から桜花で特攻出撃する予定でした。宇佐神宮参拝から帰隊し、出撃前の別れの盃も済ませ、桜花を吊るした一式陸上攻撃機への搭乗を待っていた時に、アメリカ軍の艦載機の空襲を受けました。これは宇佐航空隊へのこの日3回目の空襲でした。この空襲の様子は、アメリカ軍のガンカメラの映像に残っています。この日にアメリカ軍の空襲がなく予定通り出撃していたら、湯野川さんは亡くなっていたはずですから、人の運命とは不思議なものだと思います。ただ湯野川さんは、この日出撃できなかったことを、とても無念に思われているようでした。生き残って喜んだ人もいると思いますが、人それぞれに思いはあるのだと思いました。

湯野川さんによると、「出撃準備中の一式陸上攻撃機のエンジン音がすでに耳を圧して

宇佐神宮の百段で撮られた桜花隊　前列左より二人目が湯野川守正さん

いたのと、アメリカ軍機は太陽を背にして侵入してきたので、機銃掃射を受けるまで気づかなかった」ということでした。出撃準備で暖機運転をしていた18機の一式陸上攻撃機は、この空襲で炎上や大破などの被害を受け、この日の出撃は中止になりました。

この人間爆弾「桜花」は、1200キロの爆弾に木製の翼をつけて、中央に操縦席、後部にはロケット推進の火薬を積んでいます。一式陸上攻撃機に吊るして出撃し、敵艦の上空で切り離します。そこからは一人の搭乗員が操縦して、アメリカ軍の艦船に体当たり攻撃をします。エンジンやプロペラはないので、グライダーのように降下するだけではスピードが遅く、アメリカ軍の対空砲火で落とされてしまうというので、

前列左より寺田晶さん、湯野川守正さん。中津筑紫亭にて

後ろに積んだ火薬を使って、ロケット推進で加速して体当たり攻撃をする兵器です。まさに特攻攻撃のためだけに作られた兵器で、この桜花隊の第3分隊長が湯野川さんでした。

この湯野川守正さんの生涯を、千時間を超えるインタビューで記録したのが寺田晶さんの著書『特攻』です。これまで知られていなかった宇佐からの桜花出撃の様子や、宇佐航空隊の空襲など、湯野川さんの貴重な体験が記されています。毎週湯野川さんの元を訪れ、インタビューをした記録は、桜花や戦争のことを伝える貴重な記録で、こうした地味な作業が、後の世代に戦争を伝えていくために大切なことだと感じました。寺田さんの著書『特攻』がご縁で、湯野川さんと寺田さんには、2度宇佐でお話をしていただきました。

直接のご縁ができたきっかけは、平成22（2010）年5月に開催された宇佐航空隊平和ウォークでした。この時に、八幡小学校6年生の子どもガイドの児童が、中型掩体壕や無蓋掩体壕で、そこに収められていた一式陸上攻撃機や人間爆弾「桜花」のことを参加者に説明しました。その当日に、子どもたちがガイドをするために事前に学習したことや、学習した感想を新聞にして、参加者に配布したのです。これを藤原耕さんが湯野川さんに送ると、湯野川さんは子どもたちの発表にとても感激され、「ぜひ八幡小学校に行きたい」と、宇佐訪問が実現しました。

平成23（2011）年6月19日、湯野川さんと、寺田晶さんご夫妻が宇佐を訪れました。さっそく宇佐航空隊の遺構や宇佐神宮などをご案内して、宇佐市民図書館で宇佐航空隊の人たちの書も入っている「なるみの書」を見てもらいました。この時に驚いたのは、湯野川さんの記憶力でした。書にある多くの方々を記憶していて、この人は海兵何期の人だとか、この人はどこで亡くなったなどと、話していただきました。生き残った湯野川さんとしては、亡くなった方々への敬意も含め、よく記憶されていたのでしょう。

その後、夕食は、戦争中海軍指定の料亭だった中津の筑紫亭にご案内しました。宇佐航空隊にいた頃、車で30分位のところにあった料亭に行ったと言われていましたが、「筑紫亭」の名前は記憶にないとのことでした。２階で10畳かもう少し大きい位の部屋だったと話されたので、「大広間ではなかったですか」と聞くと、「大広間ではなかった」と言われます。私は筑紫亭の２階は大広間しか知らなかったので、湯野川さんが間違って記憶されているのかなと思っていました。しかし、筑紫亭に着くと、これまで知らなかった２階の20畳位の部屋に案内されました。こんな部屋があったのかと思っていると、湯野川さんが「思い出した、この部屋だった」と言われたのには驚きました。60年以上も経っているのに、その記憶は昨日のことを思い出すように正確でした。

食事の折にお酒を勧めると、「量が分かるようにコップでもらいたい」と言われ、２合で「今日はお終い」と言われました。「一日２合ですか」とお聞きすると、「一回２合」とのことです。「昼、夜、そして寝酒に飲むので、一日５合」とのことでした。「それは体に悪いでしょう」と言うと、「わたしは90歳だ」と言われました。お酒の量も、人によるのでしょう。それでも、「酒代もばかにならないでしょう」とお聞きすると、島根のお酒「開春」で有名な若林酒造の娘さんと結婚する時に、「お酒には一生困らないようにしてやる」と言われ、「奥さんが亡くなった後も、奥さんの里からお酒を送ってもらえるので、酒には困らないのだ」とのことでした。その後湯野川さんから「開春」を送っていただきました。みんなで飲ませてもらったのですが、とても美味しいお酒でした。

翌20日に湯野川さんと寺田晶ご夫妻が八幡小学校を訪れ、子どもたちに人間爆弾「桜花」の訓練の様子や、宇佐航空隊の空襲の様子、「桜花特攻」についてなどのお話をしていただきました。小学生の「どうして桜花に乗ることを志願したのですか」「死ぬのは怖くなかったですか」という質問に湯野川さんは、「死ぬのは怖いですよ。でも、私が犠牲になってでもアメリカの船を沈めないと、日本の国や家族は護れない。桜花はとても大きな爆弾で、一発で船が沈むほどの効果があります。同じ死ぬのなら、大きな戦果を挙げられる方がよいと思ったので志願したのです」と話されたのが印象的でした。空襲の現場にもいた方の生々しいお話で、子どもたちも学ぶことが多かったと思います。

ガンカメラ映像発見とその後

平成23（2011）年4月に、アメリカ軍機搭載のカメラ（ガンカメラ）で、空襲する様子を撮影した映像を初めて見て、本当に驚きました。

それまでの空襲の話は、空襲された人の証言が中心でした。「グラマンに追いかけられて、そばにあった溝に飛び込んで助かった」とか、「田植をしていたところを空襲されて、亡くなった」など、いろいろな空襲の証言を聞いてきました。また、『畑田空襲の記録』などのような、活字の記録もあります。機銃掃射の弾痕の残る塀なども、空襲の様子を語ってくれる物でした。これは全て被災の側からの情報でした。しかしガンカメラの映像は、飛行機から攻撃する様子を撮影した映像です。攻撃する側からの映像など、これまで見たことはありません。「ガンカメラ」とい

ガンカメラ撮影の宇佐航空隊

ガンカメラとカセット式フィルム

う言葉も聞いたことがありませんでした。
「ガンカメラ」は、アメリカ軍機にはどの飛行機にもつけられていて、機銃などを撃つと自動的に撮影して、戦果を記録するものです。後日、塾生の藤原耕さんのお世話で、ガンカメラの実物を手に入れることができました。本体は縦14センチ、横9センチ、幅5センチ程の物です。フィルムはカセット式で、コダック社の名前が書いてあります。何より驚いたのは、その撮影したフィルムが、全てカラーフィルムだということです。日本では当時、カラーフィルムなど、一般の人には想像もつかなかったと思います。
最初に見つけたのは、藤原耕さん、織田祐輔さん、新名悠さんの3人です。インターネットでの映像資料の中に、空襲の映像を見つけて購入してみたところ、その2分40秒ほどの映像の中に、宇佐の空襲の様子を撮影した部分がわずか30秒ですがあったのです。飛行場の空襲映像だけではどこか分からないのですが、空襲した後に機首を上げた時に、山が映りこんでいて、その山が宇佐の御許山（おもとさん）の傍の山でした。

3人が映像を解析した結果と、アメリカ軍の戦闘報告書を照合すると、この宇佐航空隊への空襲は昭和20（1945）年3月18日、お昼頃の空襲で、宇佐では初めての空襲ということが分かりました。この日の空襲では、アメリカ軍は航空機60機で飛来し、ロケット弾59発、機銃弾6万3千発を撃ち、宇佐航空隊の飛行機108機に損害を与えたと記録にあるそうです。

この3月18日の空襲については、これまでも地元の人たちの証言がたくさんありました。それに加えてアメリカ軍の戦闘報告書の記録、そしてガンカメラの映像と、この3点が全てそろったのは全国で初めてとのことでした。宇佐航空隊への空襲の映像は、30秒とはいえ、機銃で撃たれている飛行場では、逃げまどう人らしき姿も見えます。空襲の様子を実際に映像で見る最初の機会で、生々しい映像に息を呑む思いでした。この映像は5月の宇佐航空隊平和ウォークの折に教覚寺で公開して、福岡や山口からも見学に来た方がいて、大変な反響でした。

この映像のことは全国のテレビでも紹介され、やはり大きな反響がありました。ただ、アメリカの国立公文書館にガンカメラの映像があるということも、全国に知られることになりました。これからは多くの人がガンカメラの映像を手に入れ、解析に務めるだろうと思われました。やがて、「私はどこそこの空襲映像を発見した」と次々に発表があること だろうから、その前に1ヶ所でも2ヶ所でも新しい個所を見つけて発表しよう。そして全国各地から発見の発表があっても、「ガンカメラの映像を最初に解析したのは宇佐市塾だ」といえるようにしたいと、3人には引き続き映像を探してもらうことにしました。

その結果、翌年には大分県下だけではなく、福岡の筑紫野市の西鉄筑紫駅近くの電車を空襲する映像や、久留米市の荒木駅での列車空襲の映像などが見つかりました。筑紫駅の空襲では64人が亡くなり、100人以上の人が負傷したとのことで、日本3大列車空襲の一つに入るそうです。この報道の反響も大きく、「私はあの電車に乗っていた」「すぐ近くに住んでいて、空襲の様子を見ていた」「電車から遺体を運び出して、並べていたのを見た」等々、多くの証言が寄せられました。わずか30秒や1分の映像ですが、証言や記録とはまた別の、生々しさがあると思いました。

この映像の解析は毎年続けてきて、鹿児島はもちろんのこと、沖縄の首里城の空襲の様子や、長崎の原爆投下前の長崎市の様子など、全国各地の空襲の映像が次々に発見されました。そして令和4(2022)年の現在まで11年以上も続いています。当初はすぐに全国各地から、新しい映像の発見の報告があるだろうと思っていたのです。しかし、今日まで目立った発見はないようで、豊の国宇佐市塾のガンカメラ映像の解析は、全国でも唯一といってよいでしょう。それも宇佐市塾というよりも、藤原さん、織田さん、新名さんの3人の仕事です。3人のおかげでそれまでテレビなどで知られることもなかった豊の国宇佐市塾が、全国で映像が紹介されるたびにテロップで、「提供、豊の国宇佐市塾」と紹介され、少しは知ってもらえるようになりました。ただ、3人の活躍を別にすると、宇佐市塾は相変わらず「暗く、地味に」活動を続けています。

以前、熊本学園大学で航空隊のことなどを話させていただく機会がありました。120人程の学生さんに熊本や鹿児島の空襲映像を見てもらい、宇佐航空隊のことなどを話させてもらいました。終了後教室の後にいた教授が、「ガンカメラ映像が始まったら、学生が皆一斉に前に乗り出しましたよ」と言われました。ガンカメラ映像によって若い人たちに、よりリアルに空襲の実態を知ってもらうことができると改めて思いました。

ガンカメラの映像には、音がありません。しかし、空襲の様子をリアルに語ってくれます。ガンカメラの映像のことを藤原耕さんが、「物言わぬ語り部」と言ったのは、実に言い得て妙だと思いました。3人が物言わぬ語り部を発掘してくれたのです。この語り部の力は、これから若い人たちに戦争のことを伝えるために、大きな役割を果たしてくれることと思います。

以前、滋賀県から修学旅行に来た中学校の生徒さんに、滋賀の空襲映像や、比叡山にあった人間爆弾桜花の訓練場の映像、宇佐から特攻出撃した滋賀県出身の方のことなどを紹介をさせてもらいました。やはり地元の空襲映像などは、より戦争を身近に感じてもらえるよいきっかけになると思います。映像はたくさんあるので、修学旅行で宇佐の平和資料館を訪れてくれる児童や生徒の人たちに、大阪なら大阪の映像、広島なら広島の映像と、地元の映像を見てもらい、戦争と平和について考えてもらえる機会になればと思っています。

小説『永遠の0』と大石政則少尉

百田尚樹さんの著書『永遠の0』は、400万部を超える大ベストセラーになりました。この小説は孫の佐伯健太郎が、ゼロ戦のパイロットだった祖父宮部久蔵のことを調べるところから始まります。パイロットとしては天才だったのですが、臆病者だったとの評判のある祖父は、生きて妻子に会うことを願っていたのです。その祖父が終戦直前に、ゼロ戦で特攻出撃して亡くなります。孫がその真相を探していくという物語です。

大石政則少尉

祖父が所属していた部隊は「第721海軍航空隊」、通称「神雷部隊」です。人間爆弾「桜花」を一式陸上攻撃機に吊るして出撃し、アメリカ軍の艦船に近づくと「桜花」を投下、桜花の搭乗員が操縦しながらアメリカ軍の艦船に人もろともに突入するのです。小説の主人公宮部が乗るゼロ戦は、人間爆弾「桜花」を吊るして出撃する一式陸上攻撃機の護衛が本来の任務でした。しかし「桜花」の戦果が思わしくないということで、最後には護衛のゼロ戦に500キロ爆弾を積んで特攻出撃しました。このゼロ戦で特攻に出撃した部隊は、「建武隊」と名付けられています。

この『永遠の0』の主人公、宮部久蔵のモデルと思われる人が、大石政則少尉です。大石政則さんは東京大学在学中に学徒出陣で海軍に入り、訓練の後、宇佐海軍航空隊から「神風特別攻撃隊、八幡神忠隊」の一員として出撃、戦死しています。大石さんは、入隊してから克明に日記を書いていました。その日記は弟大石政隆さん宅に、大切に保管されています。この日記は、『ペンを剣に代えて』として出版されています。しかし、欠落している部分がかなりあるのです。特に宇佐航空隊での訓練の様子や、父親と弟が面会に来た時のことなどが日記には書かれているのですが、本にはなぜか載っていません。この貴重な日記をお預かりして、安田晃子さんや藤原耕さんで判読作業を続け、この日記を通して宇佐航空隊での訓練の様子や、特攻隊員の心情などがより明らかになってきました。

大石政則さんは、串良（くしら）から一度特攻出撃したのですが、搭乗機の油漏れで引き返しています。その時の無念さも日記に書かれています。2回目の出撃の時に部下の船川睦夫さんに頼んで、搭乗機を交換してもらって出撃し、特攻戦死しました。この搭乗機の交換は、小説『永遠のゼロ』の最後とそっくりなのです。小説では主人公の宮部久蔵が、大石少尉に飛行機を換えてもらったことになっています。大石政則さんのケースでは、大石少尉が船川睦夫さんに交換してもらっています。

平成25（2013）年9月28日に宇佐文化会館で、『永遠の0』の著者百田尚樹さんの講演会がありました。その折に「大石さんが『永遠の0』のモデルではないですか」とお聞きしたのですが、百田さんは何にも答えずに行かれてしまいました。このように百田さんからの返事はありませんでしたので、私の勝手な思い込みですが、大石さんが『永遠の0』のモデルの一人だと確信しています。それには理由もあります。宇佐航空隊にいたシナリオライターの須崎勝彌さんの著書『カミカゼの真実』の中に、大石政則さんが船川睦夫さんに搭乗機を交換してもらい、特攻戦死したことが書かれているのです。この本を百田さんが読んだことは、参考文献の中に書名が入っているので分かります。特攻戦死した方ではなく、生き残った方が大石少尉となっています。名前を残したのは大石政則さんへ敬意を表したのだと思っています。

モデル論は別として、鹿児島市内でその搭乗機を交換した、船川睦夫さんご本人にお話を聞くことができました。船川さんは宇佐航空隊で特攻指名を受け、鹿児島の串良航空隊から八幡神忠隊で特攻出撃をした一人です。船川さんは出撃の前日、大石政則少尉から搭乗機の交換を頼まれます。「どうして交換したのですか」とお聞きすると、「一時間以上もあまりに熱心に頼まれたので、熱意に根負けして大石少尉に譲ったのです」「いくらよく整備したといっても、油漏れは直らない。低く飛んでいるときはよいのだが、高度を上げると漏れ始める」「隊長機がどんどん高度を上げていくので、ついていかないわけにはいかず、高度を上げると油漏れが始まって、飛べなくなった」と話されました。そして大石少尉は突入信号を発信して特攻戦死、船川さんは油漏れで種子島に不時着しました。「種子島に着陸するために、爆弾を海に投下しなければならなかった。もし爆発でもしたら大変なことになるからだ。それで投下の操作をしたが、いくらやっても爆弾が落ちない。しかたなく決死の覚悟で着陸をして、なんとか無事に着陸はできた。降りて爆弾の様子を見ると、特攻なのでどうせ投下することもないだろうと、針金で括（くく）りつけてあった。それで落ちなかったのだ。とんでもないと思ったが、なんとか無事に降りることができてよかったと思った」など聞かせてもらいました。「よく特攻機は片道燃料しか入れてないといわれているのですが、どうだったのですか」とお聞きすると、船川さんは「いろいろあるのでしょうが、私たちの機ではガソリンは満タンでした。満タンの方がアメリカ艦船に突入した時、ガソリンも引火して効果は大きいでしょう」とのことでした。いろいろなケースがあるのでしょうが、必ずしも特攻機は片道燃料だけではなかったのだと思いました。

また種子島に不時着して、部隊に帰った際に部隊長に報告すると、「お、ごくろうだった」とだけ言われたそうです。他所では、「なぜ死ななかったか」と詰問されて、自殺に追い込まれた人もあったという話を読んだこともあるのですが、船川さんは「そんなことは一言も言われなかった」そうです。

「上官によって、部隊の気風・隊風が違う。宇佐空は指揮官先頭。俺に続けというのが隊風だった。そんな上官にこそ、信頼してついていきますよ」「山下博大尉や賀来準吾さんたち、宇佐空の先輩たちが作った隊風だ」「他所では上官は特攻部隊を鹿児島まで引率するだけで、自分たちはさっさと帰ったところもあった」「宇佐空では上官との信頼関係をとても大切にしていた」と言われました。そう言われると、宇佐航空隊にいた多くの方が、とても宇佐を懐かしく語っていたのは、そんな「隊風」のせいもあったのかと思いました。

映画『永遠の0』のゼロ戦実物大模型と宇佐市平和資料館

「映画『永遠の0』の撮影で実物大のゼロ戦模型を作っているとのことですが、撮影が終わったら宇佐にもらえませんかね」と、宇佐市塾の藤原耕さんたちから言われました。インターネットに制作の様子が出ていたとのことです。『永遠の0』は、宇佐にもいた神雷部隊の話で宇佐ともご縁があります。さっそく是永修治宇佐市長に「宇佐にゆかりの部隊のゼロ戦なので、ぜひ宇佐にもらって欲しい」とお願いしました。市長はすぐに、映画会社と連絡を取ってくれました。撮影に使うために作ったゼロ戦模型ですから、撮影後は用済みなので、実は寄贈してもらえるのではと期待していたのです。しかし、現実はそう甘くはありませんでした。

会社からは、「制作費の半分くらいはもらいたい」という返答だったそうです。製作費は2千500万円以上かかったそうで、その半額以下の1千万円でとのことでした。1千万円には驚いたのですが、実物大模型を作るには、結構な金額が必要になることでしょう。以前宇佐市塾に業者の方から、見積だけでもさせて欲しいと言われて、見積もってもらった金額は5千万円でした。「一桁下がっても無理ですよ」、と言ったことを思い出しました。それに比べると、随分安いのではと思いました。市も購入するとなると税金を使うことになるので、他の業者に見積もりをしてもらったら、そちらは4千万円だったそうです。それで議会の了解もとれて、ゼロ戦模型の購入を進めることになりました。

ただ市民からの応援もあった方が良いだろうということで、かねてから宇佐航空隊のことに関心をもたれていた渡辺幹雄さんに、「映画『永遠の0』の撮影に使った実物大模型を宇佐市が買い取ることを応援するために、ご寄付をお願いできないでしょうか」と、お願いしました。渡辺さんからは「寄付の金は生きた金になるのかね」と聞かれました。「市が映画で使用したゼロ戦模型を購入をすれば、それが宇佐市平和資料館の目玉になって、多くの人が来てくれると思います。生きたお金になると思います」と申し上げると、「じゃ、分かった」と、100万円寄付をしていただきました。この渡辺さんの寄付もあって、映画の撮影で使用したゼロ戦模型が宇佐に保存されることになりました。

宇佐市が購入をお願いしたのは、まだ撮影が始まったばかりの頃でした。後で知ったのですが、筑波海軍航空隊などもこのゼロ戦模型が欲しかったそうです。筑波は映画の撮影にも協力していたので、撮影終了後はゼロ戦模型をもらえるものだと思っていたそうです。

宇佐市平和資料館展示のゼロ戦模型

それで撮影が終わったので譲ってくださいとお願いに行ったら、もうゼロ戦模型は宇佐市に行った後だったとのことでした。インターネットで早く情報を得て、宇佐市も早く動いてくれて実現できました。情報と、早い行動の大切さを痛感しました。

映画で使用したゼロ戦模型の製作者大沢さんに、制作にあたっての苦労話などを聞かせてもらいました。「鉄をベースにしてベニヤ板で下地を作り、その上にアルミ板を貼っている。塗装がはげてアルミ地が出ると、とてもリアルな感じがするようになる」とのことでした。空気抵抗を少なくするための枕頭鋲（ちんとうびょう）も、その雰囲気がよく出るように工夫をしてあります。ゼロ戦のタイヤも、大きさがほぼ同じ陸軍の戦闘機「疾風」の本物のタイヤを使用したとのことで、なるべく実物に近いように制作するよう努力をしたとのことでした。

　私はこのゼロ戦模型を組み立てているところを、見学させてもらっていました。その折、大沢さんがプロペラを取り付けるのに、少し迷っているように見えました。プロペラが回るように手を回して、少し考えて自分で頷いてから取り付けていたのです。これが後にいろいろ話題になるとは知らずに、ただ眺めていました。

　平成25（2013）年6月29日、宇佐市平和資料館がオープンしました。土地改良区の倉庫を借用した仮の資料館ですが、映画『永遠の0』の撮影に用いたゼロ戦の実物大模型を中心に、昭和14（1939）年からの宇佐海軍航空隊のあゆみを紹介しています。狭いスペースの中ですが、貴重な資料も多く展示されています。宇佐海軍航空隊は、艦上爆撃機、艦上攻撃機の搭乗員を養成するための練習航空隊でした。真珠湾攻撃に参加し、日米開戦の幕を切って落とす一発目の爆弾を投下したことで知られる高橋赫一少佐は、昭和14年10月に開隊した宇佐空の初代飛行隊長で、ここで訓練をした部下を連れて真珠湾攻撃に参加しました。別府の料亭「なるみ」で凱旋の祝勝会を開いた折に、高橋少佐が揮毫した「必撃轟沈―ハワイ空襲終りて　高橋少佐」の書も展示されています。その他にも宇佐から特攻出撃した藤井真治さんの書や、映画『永遠の0』のモデルの一人と思われる大石政則さんの日記のコピー、特攻出撃前に宇佐神宮にお参りした時の記帳など、貴重な物が展示されています。それでも展示のインパクトという点では、やはりゼロ戦の実物大模型に敵うものはないと思います。資料館の「永遠の0コーナー」には、撮影に使った操縦席のセットもあります。こちらは実際に座ってみて、操縦桿を握ってみることができるのです。操縦席に座ってみると意外に狭くて、メタボ気味の私は座るのがやっとでした。

宇佐市平和資料館のオープンの式典に参加するために資料館に行くと、藤原耕さんが、「大変なことが起きていますよ」と、私を館外につれだして「プロペラの取り付け角度が、反対になっているのです。このままでは風が扇風機のように前に来て、飛行機は後ろに下がりますよ」と言うのです。飛行機に詳しくない私が分からないので、「たぶん、誰も分からないだろうから、心配いらない」と言って、式典に参加しました。ただ、終わってから市の担当の方や、制作の大沢さんとも相談をして、藤原耕さんにプロペラの方向の変更をお願いすることになりました。

翌日朝一番で、プロペラの方向を変更しました。ようやく変更ができてほっとしていると、さっそく見学者の方が見えました。その方はマニアの方でしょう。入って来るなり、プロペラを見て息を呑む様子が分かったのです。そして「修理しましたね」と言われます。「分かりましたか」と答えました。宇佐市がインターネットにゼロ戦模型の写真をアップしたのを見て、プロペラの間違いに気づいて指摘するために朝からみえたのでしょう。それが修理されていたので、少々がっかりといった様子でした。急いで修理しておいてよかったなと思いました。それにしてもゼロ戦というと、マニアの人の多いことには驚かされます。それまで飛行機の話をしたこともなかった知人が、ゼロ戦のことになると、とうとうと思いを語り始めて驚いたこともありました。

このプロペラの件には続きがありました。資料館のポスターに、このゼロ戦模型を使っていたのです。それも、修正する前の、方向が間違ったプロペラの写真でした。そのポスターを城井一号掩体壕の傍のトイレに貼っていたのです。ちょうど私が立ち寄った時に、管理をされていた赤坂州男区長さんに会いました。すると、「平田さん、ちょっと聞きたいことがあるのですが」と言われます。なんですかと言うと、「このポスターのゼロ戦の写真は間違っているという人がいるのですが、どうなのでしょう」と言うのです。「たしかにプロペラの方向が間違っているのです」と言うと、困った様子で、「ではその人たちに、なんと言ったらよいのですか」と言われます。「この誤りに気がつくあなたは、とても飛行機のことに詳しくてすごいですね、と言ったらよいですよ」と言いました。実際、あの写真を見てプロペラの方向の誤りに気づく人は、飛行機に詳しい人です。しかし、その詳しい人たちがたくさんいるのです。それですぐにポスターは回収されました。今となっては、プロペラの方向が違ったポスターはプレミア物になりました。

映画『永遠の０』は、主演の岡田准一さんの好演もあって、観客動員数７００万人を超える大ヒットになりました。撮影が始まった頃に宇佐市塾で、岡田准一が話題になったことがありました。私が「岡田准一って、どんな人」と聞くと、メンバーの一人が「Ｖ６ですよ」と言うのです。「Ｖ６って何」と聞くと、他のメンバーが「平田さんに、何を言っても無駄ですよ」と言うのです。実際、Ｖ６が一体何やら分からないくらいでしたので、若手メンバーがそう言うのは無理もないことでした。

それでも、試写会で見た映画『永遠の０』には感動しました。おまけにエンディングロールの中で、「スペシャルサンクス、大分県宇佐市」と宇佐市が他よりも大きく出たのには驚きました。ゼロ戦模型の１千万円が、映画製作に大きく貢献したのでしょうか。さっそく主題歌の「蛍」のＣＤを買って、稽古をしました。ただサザンオールスターズの歌は難しくて、私には無理でした。それでもカラオケでは、時折歌っています。

映画『永遠の0』の封切りが12月で、翌月からは、NHKの大河ドラマ『軍師官兵衛』が始まりました。どちらも主演は岡田准一でした。それまでNHKの大河ドラマはあまり振るわなかったので、映画『永遠の0』の方が盛り上がるだろうと思っていました。「『永遠の0』の方が勝つに決まっている」という私に、「平田さんの自信はどこからくるのですか」と言う人がいたので、「弓矢の黒田官兵衛に、ゼロ戦が負けるわけがないだろう」と答えていました。しかし黒田官兵衛の放送は予想外に盛り上がり、舞台の一つになった中津市には、観光客が押し寄せました。番組で紹介された宇佐市の高森城についても、私のところに問い合わせがたくさんありました。

この高森城は、黒田官兵衛が弟の兵庫助利高（ひょうごのすけとしたか）に築かせた城で、駅館川東岸の台地にありました。ここからは宇佐平野を一望することができ、宇佐神宮や宇佐地域の諸氏を支配するための城でした。黒田官兵衛の宇佐での足跡としては、大切な場所の一つでしょう。またここは、太平洋戦争中には宇佐海軍航空隊の防空壕が掘られていました。アメリカ軍の空襲を避けるために司令部もここに移っており、食堂や医務室もありました。昭和20（1945）年4月21日のB29の大空襲の折には、けが人の治療もこの防空壕で行われています。また現在大分県立歴史博物館が建っているところには、高射砲や機銃陣地も作られて、空襲に備えていました。黒田官兵衛ゆかりの高森城跡は、昭和の宇佐海軍航空隊の戦争遺跡が同居する場所でもありました。今、城跡から望む宇佐平野は、きちんと区画整理されたのどかな田園風景です。この地が78年前には、Ｂ29爆撃機などの空襲があり、４４０年ほど前には弓や鉄砲での戦場だったことを思うと、改めて平和の大切さを考えさせられました。

佐藤浩市さんの宇佐航空隊取材風景

ＴＢＳテレビ「戦後70年　千の証言スペシャル」の番組は、２時間の特別番組が平成27（２０１５）年３月９日と８月15日に放映されるという、熱の入ったものでした。出演者も瀬戸内寂聴さんや森英恵さん、湯川れい子さんなど豪華な顔ぶれでした。この番組は宇佐市塾の織田祐輔さんが解析した、ガンカメラでの空襲映像がある場所を選んで、番組が作られていました。

織田さんのガンカメラ映像の解析は、全国でもほとんど唯一といってよい、素晴らしい仕事だと思います。彼は、空襲の際のアメリカ軍撮影の映像（ガンカメラ）から、その映像が日本のいつ、どこで受けた空襲のものなのか特定していくのです。その解析で判明した場所は、すでに全国３００ヶ所を超えるまでになっています。番組は解析した映像に着目したもので、ガンカメラの映像に写っている空襲の場所で、実際に空襲を体験した人に、その体験を語ってもらうという構成でした。それだけに、宇佐市塾からの協力の中心は、織田祐輔さん、藤原耕さん、新名悠さんといった、ガンカメラの映像解析に関わっている人たちでした。

　企画から1年以上たって、いよいよ最終の打ち合わせが、赤坂のTBSでありました。この時には、先の3人に加えて私も呼んでもらいました。私は映像のことなど分からないのですが、宇佐市塾の代表ということで、おまけで呼んでもらったのです。でも、TBSの局内の見学をさせてもらえて、とてもよい経験ができました。その打ち合わせの際に、佐藤浩市さんが番組に出演するという連絡があったと伝えられました。佐藤浩市さんはバラエティー番組や、ドキュメンタリーなどには、これまで出演したことがないのだそうです。こうした番組には初めての出演ということで、そこにいた人みんなが喜んでいました。一緒に大分から来ていたOBS大分放送の方が、「平田さん、佐藤浩市が出演して、宇佐にも来るとはすごいですね」と言うのです。私は役者さんの名前などを覚えるのが苦手で、佐藤浩市と言われてもどんな方か分かりませんでした。それで「そうですね」というと、「まさか平田さん、佐藤浩市を知らないのではないでしょうね」と言うのです。「実はよく分からないのです」と答えると、「三國連太郎の子どもですよ」と言われます。三國連太郎は分かるのですが、その子どもと言われても、顔が浮かんできません。「60歳を過ぎて、佐藤浩市を知らない人がいるとは思わなかった」と言われたのですが、年と佐藤浩市を知らないのは関係がないのではと思ったものです。その後写真を見ると、よくテレビで見る人です。この人が佐藤浩市というのかと、名前と顔がようやく一致しました。

その番組のナビゲーターとして、佐藤浩市さんが宇佐を訪れました。『あなたへ』『のぼうの城』『ザ・マジックアワー』等、個性のある渋い役から喜劇までこなす俳優ですが、番組ナビゲーターには今回初挑戦ということで、掩体壕や落下傘整備所、滑走路跡の道路などの案内をさせてもらいました。

落下傘整備所では、佐藤浩市さんが近くの1、2年生くらいの小学生に、「ここはパラシュートを置いていたところですか」と聞いていました。その時の子どもの答えが面白かったのです。「パラシュート」と聞いて、「それは知らない。ここは落下傘だ」と言ったのです。佐藤浩市さんは若い人にも分かるようにと、「落下傘」と言わずに「パラシュート」と言ったのですが、近くの子どもたちはいつも「落下傘整備所」と聞かされているので、「落下傘だ」と答えたのです。子どもと佐藤浩市さんのやりとりを聞いていて、なんとも楽しくなりました。

この落下傘整備所では佐藤さんから、「特攻隊の人も落下傘を持っていったのか」と聞かれました。「特攻隊の人も持っていったと思います」と答えたのですが、どうも私の答えは怪しいと思われたようで、「確認してほしい」と言われました。宇佐の平和資料館に展示してあるゼロ戦のコックピットの座席を見ると、落下傘バックを置いて座らないと、座れないような座席です。落下傘バックを持たなかったら、別に座布団のようなものを準備しないといけないでしょうが、そんな話は聞いたことがありません。特攻隊の人も、落下傘を飛び降りるために使うことはなくても、コックピットの座席では座るために必要だったことでしょう。しかし、私の思い込みではいけないと詳しい人に聞いたら、やはり答えは同じでした。

城井一号掩体壕では「なぜこんな形ですか」、「いくつあるのですか」、「どうして作ったのですか」など矢継ぎ早に質問をされて、答えるのが大変でした。その撮影の合間に、「なぜ、今回の番組を引き受けられたのですか」と聞いてみました。その答えは、「ガンカメラの映像が非常に印象的だった。映像で70年前の様子がよく分かるのだが、実際に空襲を体験した人の中には、この映像を見て改めて悲しい体験を思い出して、涙を流す人もあることだろう。ガンカメラの映像のもつ功罪みたいなものを感じた」、「いつまでも戦後と言うためには、過去を見つめる機会が必要だと思う。このガンカメラの映像は、子どもたちに空襲を実感してもらうための、よい資料になると思う」などと話されました。さすが出演するにしても、単にギャラの話ではなくて、作品の中身で選ぶのだなと感じたことでした。

滑走路跡の道、USAフラワーロード南北2号線の北側を、2時間通行止めにして、佐藤さんが一人で道路の中央を歩きながら、戦争について語るシーンは、とても素晴らしい場面でした。台本があるのではなく、その場で自身が感じたことを話されていて、佐藤さんのすごさを感じた場面の一つでした。

平和資料館では、人間爆弾「桜花」について熱心に質問されました。「何機、特攻で亡くなったのですか」と言われて、とっさに数が出なかったので、「後でお答えします」とあわてて資料を見て、「桜花特攻は55機出撃しています。吊るしていった一式陸上攻撃機の搭乗員を含めると、420人が亡くなっています」とお答えしました。この「桜花」については、番組制作の中で実物大の「桜花」の模型を作って放映がありました。そこで、終了後に譲って欲しいとお願いしました。現在、宇佐市平和資料館に展示されているのは、その折に番組の中で使用した「桜花模型」です。

番組制作の中で作られた物には、大分航空隊で使われていた「阻塞気球（そさいききゅう）（防空気球）」もあります。これも大分航空隊を空襲するアメリカ軍の映像の中にあったものです。大分航空隊では、アメリカ軍機の空襲を防ぐために、大きな気球にワイヤーを吊るして、低空で侵入してきたアメリカ軍機をワイヤーに引っ掛けて落とすため、阻塞気球が上げられていたのです。この気球をアメリカ軍機が機銃で撃ち、気球が燃えて落ちる映像でした。本当にこんなものでアメリカ軍機を落とせたのですかと聞いたところ、国内では落としたことはないそうですが、イギリスなどでは、第一次大戦の際には成果をあげたとのことでした。長さ21メートル、高さ6メートルもある大きなものです。こんな気球が空に上がっていたら、すぐに気がつきそうだし、動かないので機銃で撃つのも容易だったように思います。こんなことまでしていたのかと思いました。こちらも番組制作後、宇佐市に譲ってもらいました。

これは宇佐航空隊平和ウォークの時に、柳ヶ浦小学校の体育館で参加者に見てもらいました。ヘリウムガスを入れるようなお金がないので、送風機で空気を入れ、膨らませました。さすがに体育館でも斜めに置かないといけないくらい大きくて、高さも2階の観覧席ちかくまでなりました。その大きさにびっくりするとともに、本当にそんなことをしていたのかと、映像を見るまでは信用してくれない人も多くいました。それだけ、今から考えると奇想天外な作戦のように思えます。しかし、当時は大真面目だったようです。当日ウォークに参加された是永修治市長さんに、「ぜひこれも平和資料館に展示してもらえないでしょうか」とお願いしたのですが、「さすがにこの大きさでは無理でしょう」と言われました。インパクトはあると思うのですが、確かに展示スペースの問題を考えると、無理かなと思いました。

この番組は戦争を扱った硬い番組だったためか、視聴率は期待した程に伸びなかったようです。しかし、内容的には高い評価を受けて、さまざまな報道番組の賞を受賞しており、私もすばらしい番組だったと思います。ただ一つ残念なことは、佐藤浩市さんにサインをいただかなかったことです。その後、私が鹿屋市を訪問した時に資料館へ行くと、佐藤浩市さんのサイン色紙が飾ってあり、宇佐ではサインをお願いしなかったことに気がつきました。しかし当日は、そんなことは思いつきもしなかったのでした。

日米友好の木ハナミズキ植樹

平成27（2015）年3月18日、宇佐市の城井一号掩体壕のある史跡公園で、日米友好の木ハナミズキの植樹式が行われました。このハナミズキは、日本からアメリカに3000本の桜の木が贈られてから100周年を記念して、アメリカから日本に3000本のハナミズキの木を贈るという「友好の木、ハナミズキ・イニシアティブ」を、米国政府と日米交流財団が実施したものです。このハナミズキが宇佐市に植樹されることになったのは、豊の国づくり塾生会の岡本泰治さんから、「ハナミズキを植樹する話があるのだが、宇佐で植樹できないだろうか」と言われたのがきっかけでした。「宇佐で植樹をするなら、城井一号掩体壕がある公園がいいですね」と話していました。

それが実際に動き出したのは、山梨にある河口湖飛行館の見学に行った時に、「ハナミズキ・イニシアティブ」の米国のアドバイザーで、元アメリカ合衆国太平洋軍司令官のドナルド・J・ヘイズ提督一行にお会いしたためでした。その提督秘書で太平洋航空博物館パールハーバーの相談役、ギャリー・メイヤーさんとお話していた折に、たまたまハナミ

ハナミズキの植樹式　左より２人目ギャリーさん

ハナミズキ植樹記念プレートの前にて

ズキの話が出ました。「宇佐でも植樹をしたいのですが」とお話しすると、「ヘイズ提督がそのアドバイザーなので、私に言ってくれたら力になれる」とギャリーさんが言ってくれました。それからメールなどでギャリーさんのアドバイスをいただき、植樹にこぎつけることができましたが、それまでにはいろいろ紆余曲折がありました。

まず、申請書は英文で出すようにということだったので、英語の全く分からない私は誰に頼もうかと困りました。すると当時、宇佐市観光協会に所属している台湾出身の謝アニータ（心焐）さんが英語も堪能ということが分かり、謝さんにお願いすることになりました。謝さんに書いてもらった申請書をギャリーさんに送ると、「文はよくできているが、アメリカではもっと大袈裟に書かないといけない」「私が少し手を入れて出してあげよう」と言ってくれました。しかし、それからいくら待っても、決定の通知が来ないのです。3月を過ぎると植樹のタイミングを逃してしまうというので、またギャリーさんに連絡をとると、「早く申請書は出したので、財団に問い合わせてみる」とのことでした。その後のギャリーさんからの返事には驚かされました。遅くなったわけは、豊の国宇佐市塾という申請者名に「塾」という字がついていたせいだったというのです。アメリカの財団の担当者が「塾」というので、右翼団体と思って外していたとのことでした。ここでも「塾」の名前で引っ掛かってしまいました。それでも今となっては、やはり「豊の国宇佐市塾の名前は変えられないな」と思っています。ギャリーさんから「ちゃんと説明したので、近々連絡があると思う」とのことで、しばらくして決定の通知があり、3月18日の植樹式になりました。

植樹式にはギャリーさんと、太平洋航空博物館の日本人スタッフ小池良児さんが参加してくれるとの連絡がありました。申請では大変お世話になった方々なので、お断りできる筋合いではないのですが何分、私たち豊の国宇佐市塾はお金のない団体なのです。とてもハワイからの航空チケットなど準備できないということで、「ご厚意はありがたいのですが……」と、お断りの連絡をいれました。すると先方から「私たちはボランティアで参加するので、旅費の心配などいらない」との連絡がありました。「それなら、ウェルカム」ということで、参加していただくことになりました。

ギャリーさんたちは、宇佐航空隊の初代艦爆飛行隊長の高橋赫一（かくいち）少佐が、フォード島の基地に日米開戦の第1弾を投下したことを知っていて、フォード島の高橋少佐が投弾した場所の土を持ってきたいとのことでした。ただこれは、空港の検疫の関係でできませんでした。そこで日米友好の絆と、これまでのことは水に流して仲良くしようとの気持ちを込めて、フォード島の水を持ってきて、植樹をするハナミズキに水をかけてくれました。この水も空港で検査にかかるといけないということで、2つのペットボトルに入れて、ギャリーさんと小池さんがそれぞれ持ち、別々の飛行機に搭乗して運ぶという念の入れようでした。

この植樹式にはケネディ駐日大使、重枝豊英在ホノルル日本国総領事、ロナルド・J・ヘイズ　ハナミズキ・イニシアティブ・アドバイザー、ケネス太平洋航空博物館パールハーバー館長などに祝辞をいただき、ユーリー・フェッジキフ福岡アメリカ領事館首席領事などに参加していただき、盛大に行われました。特に宇佐市少年少女合唱団による「ハナミズキ」（作曲・マシコタツロウ　編曲・武部聡志　作詞・一青窈）の合唱には、ギャリーさんはじめ来賓の方々がとても感動されていました。ハナミズキの木は、城井一号掩体壕の公園に2本、航空隊の滑走路跡に作られた道路（フラワーロード）に28本を植樹しました。

この植樹式の開かれた3月18日は、奇しくも70年前に宇佐航空隊が初めてアメリカ軍の空襲を受けた日でした。70年前のこの日の夕方、神雷部隊の一式陸上攻撃機18機が、人間爆弾「桜花」を吊して、初出撃するはずでした。しかし空襲で18機全て被弾して、出撃できなくなったのです。空襲での大混乱の様子を想像して、日米友好のハナミズキを植樹できている、今日の平和のありがたさを改めて思ったことでした。

この日来ていただいたギャリーさんは、アメリカで英文俳句の会をしているとのことでした。それだけに、言葉にとても繊細な感性をお持ちの方でした。そのギャリーさんから申請書の英文について、「あれは本当に日本人が書いたものか」と何度も聞かれました。「どうしてですか」と聞くと、「あんなに流暢な英文を日本人が書いたのを見たことがない」「日本人の文は、なべて硬い」と言うのです。「実は台湾出身の人に書いてもらったのです」と言うと、「やはりそうか」と言われたのには驚きました。英語のことは全く分からない私ですが、まだまだ日本の英語は硬さが抜けていないのだろうかなどと思ったことです。

このギャリーさんに、俳句のご縁で、宇佐市民図書館で毎年開催している「横光利一俳句大会」に、英文俳句の部を設けてもらい、ギャリーさんに選者をお願いして募集しました。アメリカやイギリス、カナダなどからも投句していただいたのですが、PRが足らず投句の数が少なく、英文俳句が1年で終わったのは残念でした。しかし、ギャリーさんのご縁で、外国でも思いのほか俳句が広まっていることを知り、驚きました。

ハワイ真珠湾訪問

太平洋航空博物館のギャリーさんと、日本人スタッフの小池良児さんのお二人には、ハナミズキの植樹のために、わざわざ宇佐にお越しいただきました。それは高橋赫一少佐が、日米開戦の最初の爆弾を落としたというご縁でした。今もハワイ、フォード島の基地には、高橋少佐の投弾の跡が残っているということで、その場所を一度は訪れたいと思っていました。

しかし、なかなか機会がなく、平成30（２０１８）年9月にようやく訪れることができました。ただ、高橋少佐の投弾の跡は今もアメリカ軍基地の中なので、一般の観光では入ることができません。私たちは、元軍人のギャリーさんの紹介で、基地に入ることができました。

現地には、高橋機の爆弾が格納庫の端に当たり、破片が外のコンクリートを壊した跡が、今も残されています。そこには、この投弾から日本とアメリカとの戦争が始まったことなどを記した、説明板も設置されています。そして、太平洋航空博物館の展示室の最初の展示は、高橋少佐の機が真珠湾に侵入して投弾するシーンを、ジオラマ風に再現したものです。この空襲で不意をつかれたアメリカ軍は、アリゾナなどの軍艦や、滑走路にあった飛行機など多くを失い、民間人を含めると２４００人程が亡くなったそうです。アリゾナ記念館へ行くと、今も真珠湾の海底に沈んでいるアリゾナを、船の上から見ることができます。この戦艦アリゾナだけで、１１７７人が亡くなっています。

ここを訪れるまで、私はアメリカ軍のハワイでの死者についてあまり考えたことがありませんでした。しかし沈んでいるアリゾナを見て、多くの人が亡くなったことを知ると、それまで「アメリカは勝者で喜び、日本は敗者で悲しい」と思っていた戦争を見る目が変わった気がしました。いくらアメリカ軍が勝ったといっても、アリゾナで死んだ水兵さんのお母さんは、息子の死を悲しんだことでしょう。アメリカ軍が勝利したといっても、手放しで喜ぶことはできなかっただろうと思うのです。「戦争は勝者も敗者もない。ただ犠牲者だけを生む」ということを、海に沈んだアリゾナを見ながら思いました。

その後、戦艦ミズーリ記念館を見学しました。戦艦そのものが記念館で、その大きさに驚きました。「兵隊さんは、よく艦内で迷わなかったものだ」などと話しながら、艦内を回りました。主砲の大きなことや、その砲弾の大きいこと、それにしてはアメリカ軍兵士が寝るベッドの狭いことなど、戦艦の艦内を見学するのは初めてで、驚くことばかりでした。

艦内には、日本の神風特別攻撃隊の写真なども展示されていました。そのそばに、ミズーリ号に日本の特攻機が突入する瞬間の写真がありました。それを見たメンバーの織田祐輔さんが、「これは私が見つけた写真だ」と言ったのです。確かにその写真は、織田さんが解析した動画の一コマでした。アメリカ軍の記録動画を平成26（2014）年に入手して、その映像を解析して、ミズーリ号突入の映像と特定したのが織田さんで、これは日本のマスコミにも大きくとりあげられました。「写真解析、織田祐輔氏」との説明文はありませんでしたが、映像解析の事情を知る私たちは、織田さんの映像解析能力に改めて驚かされました。

その特攻機が突入した跡は、今もミズーリ号の甲板に、手すりが少し内側に曲がって残っています。ガイドの方から、「ここに特攻機が突入してきたのです」と説明がありました。ミズーリ号は、船上で日本の降伏文書の調印式が行われたことで、よく知られています。調印式が行われた場所には、記念の銅版が置かれていて、当時の写真も飾ってあります。その場所を訪れてみると、意外に狭い場所で、「なぜここだったのだろう」と思ったりし

ハワイの料亭「夏の家」

ました。署名した降伏文書のコピーも展示されていました。日本を代表して署名したのが、重光葵と梅津美治郎で、2人とも大分県出身の人です。日本の戦争は、大分県出身の2人で幕を閉じたのかと、不思議な縁を思いました。

夜は、太平洋航空博物館の小池良児さんに紹介していただいた料亭、「夏の家」で食事をしました。この「夏の家」は、ホノルルでは最も古い料亭だそうで、戦前の名は「春潮楼」でした。真珠湾攻撃の前、ここに吉川猛夫海軍少尉が、ホノルル領事館職員「森村正」の名前で入り浸っていました。怠け者の困った職員と見られていたそうです。しかし、実は料亭の2階から真珠湾の軍港を出入りする艦船の様子を逐一記録して毎日、暗号電報で日本へ送っていたのです。スパイ映画のようですが、この吉川少尉の情報は、真珠湾攻撃の際には、とても重要だったことでしょう。

料亭の2階には、吉川少尉が毎日、望遠鏡で真珠湾の軍港をながめていたという部屋が、今もそのまま残っています。この部屋からは真珠湾が一望できます。ここで毎日真珠湾の船の出入りを眺めていたのかと思うと、歴史的な現場に立ち会ったような、不思議な感慨を覚えました。

アリゾナ記念館には、吉川少尉の使っていた望遠鏡や地図、吉川少尉の写真などが展示してありました。アメリカは、日本からの開戦の暗号電報は解読していたのですが、ハワイの領事館の暗号電報は、解読していなかったのでしょう。事実、吉川少尉の諜報活動は、開戦の時にはアメリカには知られておらず、無事に日本に帰国することができたのです。歴史に「イフ」はないといいますが、アメリカがハワイの日本領事館の暗号電報を解読していたら、真珠湾攻撃の結果も全く違っていただろうと思いました。

航空隊とは別に、今回のハワイ訪問の今一つの目的は、僧侶としてホノルルにある本願寺ハワイ別院を訪れることでした。ハワイ別院は、中津市川嶌整形外科病院の川嶌眞人先生にご紹介いただいた、川路広美さんにご案内していただきました。川路さんはハワイ別院の輪番（りんばん）や、ハワイの開教総長も務められた方で、日本に帰国した際にはよく川嶌先生を

ハワイ別院にて、川路広美さん（右端）と

訪ねておられました。お二人は、旧知の間柄だったのです。

　ご案内いただいたハワイ別院は、インドのタージマハールを連想させるような立派な建物でした。現在、ハワイには西本願寺関係の寺院が31ケ寺あるとのことですが、最初にハワイに寺を建てたのは、大分県豊後高田市臼野にある光徳寺出身の曜日蒼龍（かがひそうりゅう）さんでした。

　明治18（1885）年から、多くの日本人が夢を膨らませてハワイに渡りました。しかし、パイナップル畑などでの労働は厳しく、生きる気力さえ失う人もいたそうです。豊後高田からハワイへ移民したご門徒さんの苦労の手紙を見て、明治21（1888）年移民の人々を励まそうとハワイを訪れたのが、曜日蒼龍さんのハワイでの活動の始まりでした。

広島や山口や九州など、浄土真宗の盛んな地域の人が、多く移民としてハワイに渡っています。曜日蒼龍さんはハワイに行き、移民の人々を訪問して、心の拠りところとして仏教の教えが必要なことを感じて、一人で教えを伝える活動を始めました。やがて、現地の人々の協力も得て、ヒロに教会堂ができ、明治32（1899）年にはハワイ本願寺ができました。

曜日蒼龍さん

訪れたハワイ別院でお会いした開教総長に、曜日蒼龍さんが私の妻の大伯父にあたることを話しました。すると「歴代開教総長の写真がありますから、ご覧にいれましょう」と、総長室に掛けてある歴代総長の写真を見せていただきました。ハワイで妻の大伯父、曜日蒼龍さんの慧眼に接することができ、感激しました。その曜日蒼龍さんは、日本に帰国した際に亡くなり、光徳寺の墓地に葬られています。

長々と思い出話を書いてきましたが、まだまだ多くの人や、出来事を思い出します。しかし、際限がないので、このあたりで終わらせていただきます。最後に、これまでの稿と重複する部分もあるのですが、「宇佐海軍航空隊のあゆみとその特色」について書かせていただきます。宇佐航空隊は、艦爆艦攻のメッカというだけではなく、多くの特色があります。その点をぜひ知ってもらいたいと思っています。

6　宇佐海軍航空隊のあゆみとその特色

宇佐海軍航空隊のあゆみ

ＪＲ柳ヶ浦駅の南側、柳ヶ浦高校の西側は、以前「辛島田んぼ」と呼ばれていた広い田んぼでした。ここは奈良時代に開墾された、宇佐で最も古い条里制の遺構が残る場所でした。この古くからの田んぼを埋めたて、昭和14（１９３９）年10月1日、「宇佐海軍航空隊」が開隊しました。

ここは、艦上爆撃機、艦上攻撃機という2種類の飛行機の搭乗員を養成するための実用機教程の練習航空隊でした。すでに昭和６（１９３１）年の満州事変から中国との戦争が始まっており、アメリカとの戦争も避けられそうにないと思われる時期でした。これからの戦争は飛行機が中心になるということで、この時期には全国に多くの航空隊が作られました。大分県でも昭和９（１９３４）年に佐伯海軍航空隊、同13（１９３８）年には大分海軍航空隊が開隊します。宇佐は、大分県で3番目の航空隊でした。

宇佐航空隊の規模は当初、東西１２００メートル、南北１３００メートル、１５０ヘクタール程の広さで、隊員は８００名でスタートしました。当時は飛行機がとても珍しく、宇佐で飛行機を身近に見ることなど想像もできないような時代でした。そこに最新鋭の飛行機が次々と降り立ち、多くの海軍の軍人さんがやってきて、大変なにぎわいとなりました。航空隊で働く人はもとより、いろいろな物資を納入する人、休日に外出する関係者に飲食を提供する人など、宇佐の経済にも大きな貢献になることと、地元の人々の歓迎と期待を集めての開隊でした。

「戦争」という歴史の流れの中で、宇佐海軍航空隊は練習航空隊から特攻基地へと姿を変えます。空襲により多くの尊い命が失われました。また家屋などにも甚大な被害を被った宇佐航空隊は、昭和20（１９４５）年8月15日、終戦と共にその幕を閉じました。終戦の時、宇佐航空隊には６０００人ほどの隊員がいました。また、ゼロ戦24機、天山艦攻26機、九九艦爆7機、九三式中間練習機42機など１００機ほどの飛行機があり、人間爆弾「桜花」も51機残っていました。

宇佐海軍航空隊正門

終戦後、飛行場の幅80メートル、長さ

1800メートルの滑走路や、エプロンなどのコンクリートは壊され、以前の田んぼにもどされました。人力でコンクリートを壊し田んぼに戻す作業は、考えただけで気が遠くなりそうです。宇佐航空隊の跡は、滑走路なども全て取り除かれました。

今、田んぼの広がるのどかな田園風景からは、飛行場の爆音や空襲、特攻隊の出撃や多くの人々の被災など、想像もできません。しかし、航空隊の跡を歩いてみると、城井一号掩体壕をはじめとする多くの掩体壕や、モニュメントの並ぶ滑走路跡、機銃掃射の跡も生々しい落下傘整備所や通信所、エンジン調整所、爆弾池や防空壕など、さまざまな遺構が残っています。宇佐はまさに「兵どもが夢の跡」でした。

作家の城山三郎さんが宇佐を訪れた折に、「宇佐は感じ、考えさせられることの多いまちだ」と言われました。多くの戦争の遺構を見るにつけ、戦争の悲惨さと、平和の大切さを感じ考えさせられたと言われたのです。宇佐航空隊のあゆみを通して、平和の大切さやいのちの尊さを、考えてみたいと思います。この宇佐航空隊の特色について、いくつか紹介させていただきます。

1、艦上爆撃機、艦上攻撃機のメッカ

宇佐で訓練に使った飛行機は2種類ありました。1つは艦上爆撃機。急降下爆撃で爆弾を投下する役割の飛行機です。いま1つは艦上攻撃機。こちらは水平爆撃で爆弾や魚雷を投下するのが主な役割です。

艦上機とは、航空母艦（空母）に載せる飛行機という意味です。航空母艦に載せる最も有名な飛行機は、ゼロ戦でしょう。ゼロ戦の正式名称は、零式艦上戦闘機です。艦上機の代表的な機種は、ゼロ戦に代表されるような艦上戦闘機と、艦上爆撃機、艦上攻撃機の3機種です。宇佐航空隊はその中の戦闘機を除く艦上爆撃機、艦上攻撃機の訓練をする練習航空隊でした。この2機種を専門とした練習航空隊は宇佐航空隊が最初で、艦爆（艦上爆撃機）、艦攻（艦上攻撃機）の搭乗員からは「艦爆、艦攻のメッカ」といわれていました。実際、艦爆、艦攻の搭乗員の多くは、宇佐航空隊で訓練をしたか、勤務した経験がありました。

宇佐での艦上攻撃機の魚雷の発射目標は、中津市山国川河口の灯台でした。また艦上爆撃機の爆撃目標は、宇佐市宮熊沖と、中津市田尻沖に作られた標的でした。宇佐市宮熊の

九七式艦上攻撃機

九九式艦上爆撃機

急降下爆撃の練習に使用した宮熊沖の標的

沖、横綱双葉山の生誕の地「双葉の里」の北側の海の中には、艦上爆撃機の爆撃目標の標的が今も残っています。中心のプリンのような形をしたコンクリート製の的は、直径10メートルの円柱です。周囲に6本のコンクリートの柱が建っていますが、この対角線の長さは100メートルあります。軍艦は駆逐艦でも100メートル以上あり、この中に爆弾を落とすと命中ということになります。最初はなかなか100メートルの円内にも落とせなかったものが、訓練を重ねるうちに中央の10メートルの円柱に当たる程に上達します。標的の円柱の上の部分には、模擬爆弾でできた穴がたくさんあります。この的に当てられるようになると、いよいよ航空母艦に乗っての艦隊勤務ということになります。

2、真珠湾攻撃のための訓練と、隊員の出撃

真珠湾攻撃から日本とアメリカとの戦争が始まりました。この真珠湾攻撃は山本五十六連合艦隊司令長官の、独創的で奇抜な作戦だったといわれています。それまでの海軍の戦いは、駆逐艦が魚雷を発射して、戦艦が大砲を撃って相手の船を沈めるものでした。この発想をまったく変えて、飛行機から魚雷や爆弾を投下するという、航空機中心の攻撃に転換しました。この航空機による攻撃で多数の戦艦などを沈めた、世界で初めての戦いが真珠湾での戦いでした。

真珠湾攻撃のとき航空母艦から戦艦などの攻撃に参加する飛行機は、艦上戦闘機、艦上爆撃機、艦上攻撃機です。その艦上爆撃機、艦上攻撃機の搭乗員の養成を担ったのが宇佐航空隊でした。

昭和16（1941）年10月7日、最新鋭の航空母艦「翔鶴」「瑞鶴」の艦上攻撃機隊が、宇佐航空隊を基地として猛訓練を始めました。真珠湾攻撃の準備です。11月19日には訓練を終了して、その後真珠湾に向けて出撃しています。

昭和14（1939）年10月1日、宇佐航空隊が開隊した時の初代艦爆飛行隊長は、高橋

赫一少佐でした。高橋少佐は、宇佐での訓練で鍛えた部下を連れて真珠湾攻撃に参加しました。航空母艦「翔鶴」の艦爆飛行隊長だった高橋少佐は、日米開戦の幕を切って落とす、真珠湾での第1弾を投下した人として知られています。この高橋少佐の飛行機がハワイのフォード島を攻撃する様子は、ハワイにある太平洋航空博物館パールハーバーに、ジオラマで展示されています。

3、特攻基地となった宇佐航空隊

昭和19（1944）年も後半になると次第に戦況は悪化して、宇佐航空隊でも燃料の不足などから訓練が思うようにできなくなり、昭和20（1945）年4月、宇佐航空隊は練習航空隊から実戦部隊に組み込まれました。やがて沖縄周辺のアメリカの艦船への特攻作戦が発動されると、宇佐航空隊からも神風特別攻撃隊が出撃することになりました。宇佐には全国の八幡神の総本宮「宇佐八幡」があったので、宇佐航空隊から出撃する部隊には「八幡護皇隊」など「八幡」の名前がつけられました。

神風特攻隊八幡護皇隊

宇佐から特攻出撃した154名の碑

宇佐航空隊所属の飛行機には、尾翼に片仮名で「ウサ」と書かれていました。この飛行機で特攻出撃したのは、９隊、１０５機でした。その中の82機、１５４人が特攻戦死しています。１つの基地から１５４人もの特攻戦死者が出ているのは、とても多いと思われます。出身地と名前を彫った碑が、城井一号掩体壕のそばに建てられています。それを見ると、全国各地の人が宇佐から出撃していることが分かります。

海軍兵学校出身の方もいますが、ほぼ半数の方が飛行予科練習生（予科練）出身で、半数が飛行予備学生（予備学生）でした。17歳くらいから、25歳までの方たちでした。旗生（はたぶ）良景（よしかげ）さんや、大石政則さん、堀之内久俊さん、藤井真治さんなど多くの方が遺書や、書などを残されています。

大石政則さんは、遺書だけではなく、訓練の様子などを克明に記録した日記も残っています。旗生良景さんの出撃までの日記は、毎日「今日はまだ生きております」と書き始められていました。そして出撃の日には、

4月28日　只今より出発します。何も思い残すことはありません。
お父さま、お母さま、兄さん、姉さん、ご幸福に。

真新しいのが行李の中にありますから、それを家に取って、古い方をT子のところへ送ってください。必ずお願いします。……

日本は必ず勝ちます。帝国の繁栄のために、死所を得たるを喜んでいます。

心爽やか、大空の如し。こうしているのも、あと暫くです。

さようなら、お元気で。


と書いています。国や家族や、そして恋人でしょうか、T子さんを護るために特攻出撃され、戦死されました。22歳でした。

第三八幡護皇隊で出撃された、松場進少尉は、早稲田大学の機械体操部の主将で、オリンピックにも出場する予定だったそうです。オリンピックは中止になり、宇佐から特攻出撃して戦死されました。その出撃の頃の様子を、知人の方が歌にしていました。

明日は征きて　神となります　君と在りて　その静けさに　言の葉もなし
挙手の礼を　給いて君が　停ちませる　汽車暁闇を　決戦場へ
国護りの　神が遺せし　マフラーに　残る煙草の　匂いかなしき

旗生良景少尉

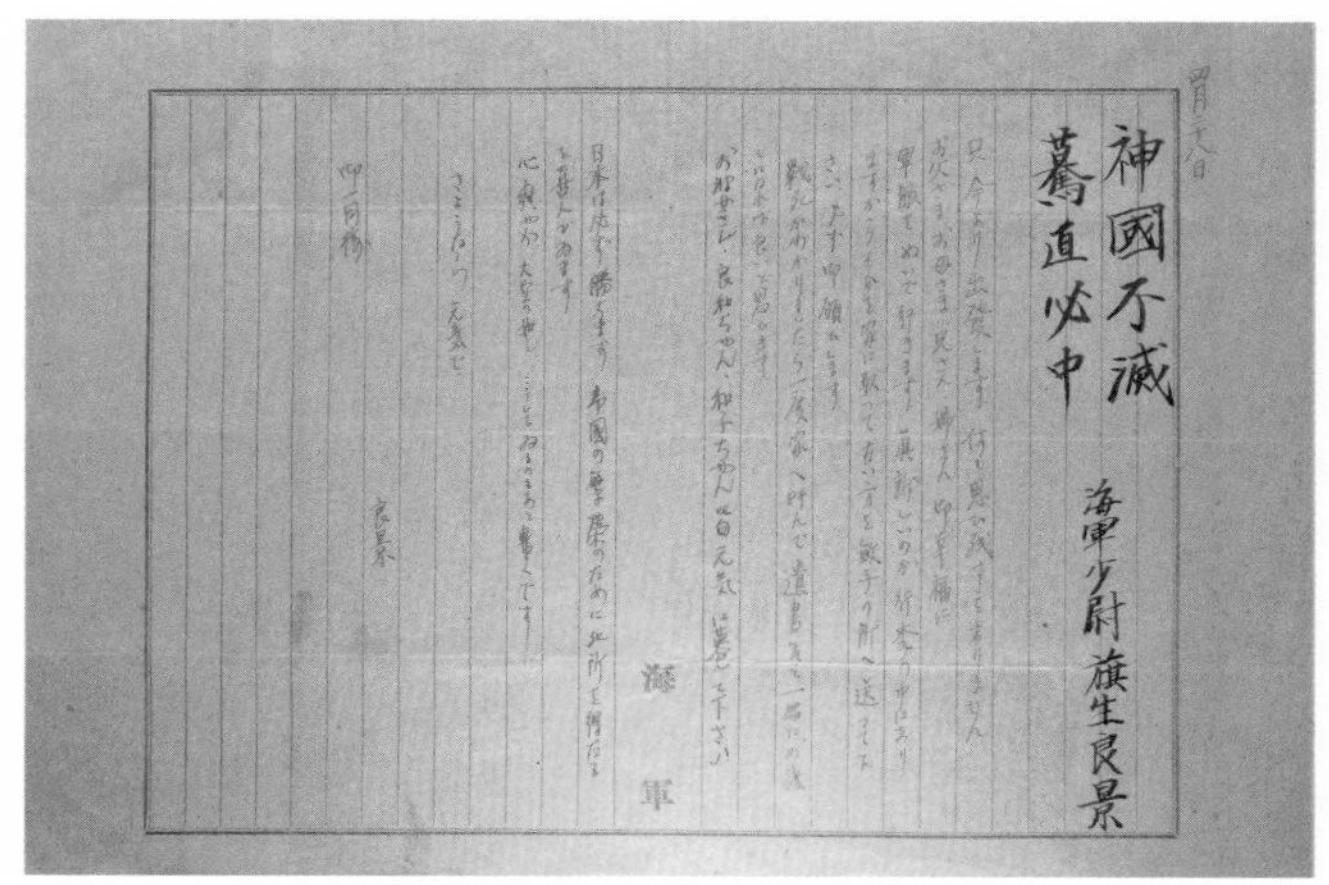

四月二八日

神國不滅
轟直必中

海軍少尉 旗生良景

只今より出発します 何も思い残すことはありません
お父さま お母さま 兄さん 姉さん 御幸福に
軍服をぬいで行きます 真新しいのが行李の中にあり
ますから[illegible]を家に取って[illegible]の所へ送って下
さい よろしくお願いします
戦死がわかりましたら一度家へ呼んで遺書を一緒に[illegible]
これが[illegible]
お姉さん 良和ちゃん 和子ちゃん 皆元気に暮して下さい
日本は必ず勝ちます 帝国の繁栄のために[illegible]
を喜んでおります
心残りが[illegible]
さようなら 元気で
御一同様
良景

旗生良景少尉遺書

などの多くの歌を、遺族の方に贈られています。

4、空襲の様子を発掘

昭和20（1945）年に入ってからは、宇佐航空隊もたびたびアメリカ軍の空襲を受けるようになりました。昭和20年3月18日、アメリカの航空母艦「ヨークタウン」からグラマンF6F・8機により宇佐は初めての空襲を受けます。この初空襲は空襲警報も発令されない不意の空襲だったため、航空隊や航空機などは大きな被害を受けました。地元の当時小学生だった人はこの時のことを「銀色に輝く飛行機が飛んできたので、日本の新型機と思って手を振っていたら、バリバリと航空隊の飛行機を攻撃し始めたので、ようやくアメリカの飛行機だと気がついた」と話されていました。この日の午後には、宇佐から人間爆弾の「桜花」を抱いて出撃するはずだった一式陸上攻撃機18機が、出撃直前の16時頃にアメリカ軍の空襲を受けて、出撃できなくなりました。

蓮光寺生き残り門

昭和20年4月21日には、アメリカの大型爆撃機Ｂ29による宇佐航空隊への空襲がありました。この日は、マリアナ基地を発進して硫黄島を経由したＢ29による空襲でした。この日のアメリカ軍の行動報告書には、29機のＢ29は２２５キロ爆弾を１３６トン投弾し、格納庫２ヶ所に大きな損害、５機を破壊、９機を破損など詳しく書かれています。この空襲で航空隊関係者だけでも３２０人が犠牲になりました。民間人にも多くの犠牲者が出ましたが、詳しい人数等は分かっていません。

江須賀の蓮光寺ではこの日境内に爆弾が落ち、本堂も庫裏も全壊しました。しかし、奇跡的に山門だけが残り、「生き残り門」と呼ばれています。また蓮光寺西側の家の防空壕には10人が入っていたのですが、Ｂ29の爆弾が直撃して10人全員が亡くなりました。この日の空襲では、三州国民学校（現在の柳ヶ浦小学校）や、柳ヶ浦高等女学校（現在の柳ヶ浦高等学校）、日輪寺をはじめ商店や民家などの多くが被害をこうむりました。

また5月7日のＢ29の空襲の折には、八面山上空で山口県の小月基地から出撃した村田勉曹長操縦の戦闘機「屠龍」がＢ29に体当たり攻撃をして、Ｂ29を1機撃墜しました。同じく迎撃にでた今井不二夫大尉と松山春彦少尉の乗った飛行機は、院内上空での空中戦で被弾、院内町滝貞に墜落して2人は死亡しました。

宇佐航空隊の最後の空襲は、8月8日、Ｂ24、23機などによるものでした。この日は宇佐航空隊の南側の畑田地区に被害が多く、地元では「畑田空襲」と呼ばれています。是恒義人さんの『畑田空襲の記録』によると、畑田地区の死者は3名、牛馬6頭が死に、41戸の家屋焼失と書かれています。

昭和20（１９４５）年3月の初めての空襲から終戦までの間に、多くの空襲が繰り返されました。５００人程の人が犠牲になったのではと推測されますが、氏名の判明している人はわずかです。井上治広さんの調査によると、令和４（２０２２）年8月までに名前の分かった人は91人。名前の分からない人は３４０人で、会わせて４３５人の死亡が確認されているとのことです。他に殉職者の人を含めると、６６７人の方が亡くなっているとのことです。航空隊があったために、宇佐でも民間人を含む、多くの人々が犠牲になりました。

5、掩体壕などの戦争遺構を多く残している

昭和20年2月頃より、戦況の悪化によって、空襲に備えて駅館川の東側に司令部などを移すための防空壕作りが始まりました。また、飛行機を空襲から護るための掩体壕も多く作られました。コンクリート製の屋根のある掩体壕、有蓋掩体壕は、現在でも10基残っています。掩体壕が10基も残っているところは全国でもわずかです。宇佐市はこの中の城井一号掩体壕を平成７（１９９５）年3月に、宇佐市の史跡（文化財）に指定して史跡公園として保存しています。昭和の戦争遺構の文化財指定は、沖縄の南風原町にあるひめゆり部隊の陸軍の病院の防空壕に続いて、全国で2番目です。3番目が広島の原爆ドームなので、原爆ドームよりも1年早い文化財指定となり、宇佐が歴史や文化財の保存に熱心であることが分かります。

宇佐にはコンクリート製の掩体壕が10基残っています。その中の9基は、ゼロ戦や艦上爆撃機、艦上攻撃機を入れていた小型掩体壕です。森山地区にある1基だけは一式陸上攻撃機など中型機を入れていたもので、中型掩体壕と呼ばれています。中型掩体壕があると大型もありそうですが、実は大型機は実戦配備されていないので、大型掩体壕はありません。中型が日本で最大の掩体壕ということになります。

特に宇佐航空隊の中型掩体壕は半地下式ではないので、地上部分が大きく作られています。千葉県木更津市にある一式陸上攻撃機の掩体壕は半地下式なので、地上部分は小さく見えます。地上部分だけでいえば、宇佐航空隊の中型掩体壕が現在知る限りでは、日本で最大の掩体壕と思われます。この掩体壕は高さ9メートル、幅43メートル、奥行23メートルもあり、中に入るとその大きさに驚かされます。

宇佐航空隊にはコンクリート製で屋根のある「有蓋掩体壕」の他に、一式陸上攻撃機などを入れた屋根のない掩体壕「無蓋掩体壕」が47基ありました。これはコの字型に土を盛って作られたもので、大きなものは、幅は40メートルもあり、奥行きは25メートルもありました。この掩体壕の土を盛るために、多くの人が勤労動員で宇佐に来て、掩体壕を作りました。しかしこの掩体壕は土で作られていたために、戦後は壊して畑などに戻りました。

爆弾池

完全ではありませんが、形が推測できるものが、上乙女地区に1基残っています。

また、アメリカ軍のB29などの空襲でできた爆弾の穴は、空襲のたびに勤労動員の人たちの手で埋められていました。中学校や女学校の生徒たちもたくさん動員されて、穴埋め作業に従事しました。それでも埋めきれなかった穴が、終戦後も多数残っていました。穴に水が溜まり、池のようになり、「爆弾池」と呼ばれていました。昭和23（1948）年アメリカ軍撮影の宇佐航空隊跡の写真には、月のクレーターのような爆弾の穴がいくつも写っています。大きな物は直径24メートル程もあり、大小合せて、100個近くもあります。昭和45（1970）年からの圃場整備事業で、ほとんどが埋められ田んぼになりましたが、一つだけ残されていました。これは直径10メートルほどの中くらいの爆弾池です。宇佐市が購入して市の史跡に指定し周辺を整備して、見学できるようになりました。日本中が空襲を受けて、いたるところに爆弾の穴ができたでしょうが、現在まで残っている爆弾池は全国でも数少なく、まして市の史跡（文化財）として保存しているのは宇佐だけではないでしょうか。

他にも落下傘整備所や高居地区の地下壕、通信所跡、エンジン調整場など多くの戦争遺構を史跡として保存して、順次整備を進めています。これだけ多くの戦争遺構を残そうとしているところは、全国でも少ないことでしょう。宇佐市は古代からの遺跡も多く、日本で最初の「文化財保護宣言都市」でもあります。古墳や遺跡を大切にする心が市民に定着していたことも、戦争遺構の保存につながったことと思います。しかし、なによりも宇佐市の積極的な遺跡保存の姿勢そのものが、全国でも稀なのではないかと思います。戦争を実際に体験した人が、少なくなってきました。これからは掩体壕などの遺構や遺物に、戦争の歴史を語ってもらうことが大切になることでしょう。

6、人間爆弾「桜花」と宇佐

人間爆弾「桜花」は、1200キロの爆弾に木製の翼を付け、中央に操縦席、後部に火薬ロケット推進を持ち、一式陸上攻撃機に吊るして、敵艦の近くで切り離します。そこからは一人の搭乗員が操縦して、アメリカ軍の艦船に体当たり攻撃をします。エンジンやプロペラはないので、グライダーのように降下するだけではスピードが遅く対空砲火で落とされるというので、ロケット推進で加速して体当たりするという、まさに特攻攻撃だけのために作られた兵器でした。この「桜花」の部隊は、第721海軍航空隊、通称「神雷部隊」です。神雷部隊は、人間爆弾「桜花」とそれを運ぶ一式陸上攻撃機、そして護衛のゼロ戦で編成されていました。

昭和20（1945）年3月18日、桜花の部隊は宇佐航空隊から特攻出撃する予定でした。別れの盃もすませ、桜花を吊るして行く一式陸上攻撃機への搭乗を待っていた時に、アメリカ軍の艦載機による空襲を受けました。出撃準備で暖機運転をしていた18機の一式陸上攻撃機は、この空襲で炎上や大破などの被害を受け、この日の出撃は中止になりました。この時の空襲の様子は、アメリカ軍の飛行機に搭載されていたカメラ（ガンカメラ）が撮

桜花

桜花を吊るした一式陸上攻撃機

影した映像に残っています。宇佐航空隊の飛行場に並んでいる一式陸上攻撃機を、アメリカ軍機が空襲している映像です。

宇佐市の平和資料館には、桜花の風防ガラスや噴射管、胴体の一部や照準器なども展示してあります。映像や写真も含めて、これら桜花の展示は、全国でもトップクラスのものでしょう。また、映画『永遠の０』の撮影で使用した、実物大のゼロ戦の模型も展示しています。このゼロ戦の尾翼には、７２１と書かれていて、これは宇佐にもいた神雷部隊の所属の飛行機だったことを示しています。長洲小学校で最後にピアノを弾いて出撃した、劇「忘れ得ぬトロイメライ」の主人公野村茂さんも、桜花の部隊、一式陸上攻撃機の搭乗員でした。人間爆弾「桜花」と宇佐は、とても深い繋がりがありました。

7、映画や小説の舞台になった宇佐航空隊

宇佐航空隊は、多くの映画や小説の舞台にもなっています。阿川弘之さんの小説『雲の墓標』や、豊田穣さんの『蒼空の器』、城山三郎さんの『指揮官たちの特攻』など、多く

721 部隊のゼロ戦模型

の文学作品の舞台が宇佐航空隊です。また、映画「あゝ同期の桜」は、宇佐航空隊から特攻出撃した人たちを描いた作品で、宇佐航空隊から特攻出撃するシーンや、空襲で亡くなった人を駅館川河畔で荼毘(だび)に付すシーンなども出ています。

最近では、百田尚樹さんの『永遠の0』がベストセラーになりました。この小説は、孫がゼロ戦のパイロットだった祖父のことを調べるところから始まります。パイロットとしては天才だったが臆病者だったという祖父は、生きて妻子に会うことを願っていました。その祖父が終戦直前に、ゼロ戦で特攻出撃して亡くなります。その真相を孫が求めていくという小説です。祖父が所属していた部隊は「第721海軍航空隊」、通称「神雷部隊」です。宇佐にもいたこの部隊のゼロ戦は、人間爆弾の「桜花」を吊るして出撃する一式陸上攻撃機を護衛するのが任務でした。しかし、最後には護衛のゼロ戦に500キロの爆弾を積んで特攻出撃したのです。

この小説『永遠の0』の映画化の時に、撮影用に作られた実物大模型のゼロ戦が、現在は宇佐市平和資料館に展示されています。尾翼に「721」とあり、宇佐航空隊にいた神雷部隊所属のゼロ戦と分かります。宇佐航空隊ゆかりのゼロ戦ということで、宇佐市が購入して展示したのです。映画撮影に用いられたゼロ戦は実物大の模型なのですが、本物とまちがう人がいるくらい、とても精巧に作られています。

この物語の主人公のモデルと思われるのが、宇佐航空隊から出撃して特攻戦死した大石政則さんです。大石さんは、東京大学在学中に学徒出陣で海軍に入り、訓練の後宇佐海軍航空隊から「神風特別攻撃隊八幡神忠隊」の一員として出撃、戦死しています。大石さんは、入隊以来、克明に日記を書いていますが、その日記は弟大石政隆さん宅に今も大切に保管されています。その中に、宇佐航空隊での訓練の様子や、父親と弟が面会に来た時のことなど様々なことが記述されています。大石さんは一度特攻出撃したのですが、油漏れで引き返しています。その時の無念さも日記に書かれています。

昭和20（1945）年4月28日、鹿児島の串良基地から2回目の出撃の折に、部下の船川睦夫さんに搭乗する飛行機を交換してもらい出撃して、特攻戦死しました。

この搭乗機の交換は、小説『永遠の0』の最後とそっくりです。小説では主人公の宮部久蔵が、大石少尉に飛行機を換えてもらったことになっています。大石政則さんのケースでは、大石さんが船川さんに交換してもらい、大石さんは亡くなっています。亡くなった人と、生き残った人が逆になってはいますが、大石さんが小説のモデルと思えてなりません。宇佐航空隊は、たくさんの小説や映画の舞台にもなったところです。

8、アメリカ軍機から撮影された空襲の映像（ガンカメラ映像）

平成23（2011）年4月に、アメリカ軍機搭載のカメラ（ガンカメラ）で空襲する様子を撮影した映像を見たときには、本当に驚きました。それまでの空襲の話は、空襲された人の証言が中心でした。しかしガンカメラの映像は、飛行機から攻撃する様子を撮影した映像です。「ガンカメラ」は、機銃などを撃つと自動的に撮影して戦果を記録します。

ガンカメラに写った、宇佐航空隊への空襲

何より驚いたのは、アメリカ軍は全ての飛行機にガンカメラを搭載し、それもカラーフィルムで撮影していたことでした。技術や物量の差を感じました。

最初に見つけたのは、豊の国宇佐市塾の藤原耕さん、織田祐輔さん、新名悠さんの３人です。インターネットでの映像資料の中に、空襲の映像を見つけて購入してみたところ、宇佐航空隊の空襲の様子を撮影した部分があったのです。この宇佐航空隊への空襲は昭和20年３月18日お昼頃のもので、宇佐航空隊では初めての空襲でした。この３月18日の空襲については、これまでも地元の人たちの証言はたくさんありました。それに加えてアメリカ軍の戦闘報告書の記録、そしてガンカメラの映像と、この３点が全てそろったのは全国で初めてとのことでした。この映像のことは全国のテレビでも紹介され、大きな反響がありました。ガンカメラの映像は、証言や記録とはまた別の、空襲の生々しい様子を伝えてくれます。

この映像の解析は毎年続けられ、鹿児島はもちろんのこと、沖縄の首里城の空襲の様子や、長崎の原爆投下前の長崎市の様子など、全国各地の空襲の映像が次々に発見されました。そして令和4(2022)年まで11年以上も続いています。当初はすぐに全国各地から、新しい映像の発見の報告があるだろうと思っていたのですが、宇佐市塾以外では今日まで目立った発見はないようです。それこそ豊の国宇佐市塾のガンカメラ映像の解析は、全国でも唯一といってよいでしょう。それも藤原さん、織田さん、新名さんの3人の仕事なのです。

ガンカメラの映像には音がありません。しかし空襲の様子をリアルに語ってくれます。ガンカメラの映像のことを藤原耕さんが、「物言わぬ語り部」と言ったのは、実に言い得て妙だと思いました。3人が物言わぬ語り部を発掘してくれたのです。この語り部の力は、これから若い人たちに戦争のことを伝えるために、大きな役割を果たしてくれることと思います。

以前、滋賀県から修学旅行に来た中学校の生徒さんに、滋賀の空襲映像や、比叡山にあった人間爆弾桜花の訓練場の映像、宇佐から特攻出撃した滋賀県出身の方のことなどを紹介させてもらい、とても印象深く見てもらいました。やはり地元の空襲映像などは、より戦争を身近に感じてもらえるよいきっかけになると思います。映像はたくさんあるので、修学旅行で宇佐の平和資料館を訪れてくれる児童や生徒さんたちに、大阪なら大阪の映像、広島なら広島の映像と、地元の映像を見てもらい、戦争と平和について考えてもらえる機会になればと思っています。

このガンカメラの映像も含めて、宇佐市平和資料館ではさまざまな資料を見ることができます。特攻や、戦災に特化した資料館は多くあります。しかし、これだけいろいろな特色を持った資料が展示される資料館は、全国でも数少ないのではと思います。ぜひ、多くの人に訪れていただき、宇佐航空隊の歴史を通して、戦争や平和について考えていただければと願っています。

あとがき

平成元（1989）年から、宇佐海軍航空隊の歴史などに取り組んできました。その中で、宇佐にも多くの戦争遺跡が残っていることを知りました。弥生時代の川部遺跡や、古墳時代の小部遺跡などは、吉野ヶ里遺跡と同じ環濠集落です。これは村を外敵から護るためのもので、これも戦争遺跡といえるでしょう。中世の山城・光岡城跡や、近世の高森城跡なども同じです。そして宇佐海軍航空隊は近代の戦争遺跡と、振り返ると宇佐には戦争の遺跡が多く残っています。それぞれの時代に、多くの血も流れたことでしょう。宇佐海軍航空隊の遺構などを巡りながら、改めてその感を深くしました。そしてできることなら、宇佐の戦争遺跡は宇佐海軍航空隊で最後になってほしいと願っています。そのためにも、戦争の歴史を学ぶことが大切だと思います。

この本は、宇佐航空隊の歴史を書いたものではなく、歴史などをたどる中での多くの方々との出会いなどを記したものです。当時出会った海軍関係の方々は、亡くなった方や、宇佐航空隊への思いでご協力をいただいたのでしょう。それだけに、その方々の思いも大切にして、後に続く人たちに伝えていくのが役割かと思っています。

幸い宇佐市塾には若い優秀なメンバーも加わり、ガンカメラの解析を始めその活躍が目覚ましい昨今です。そろそろ世代交代の時かと思うのですが、それでもハワイのパールハーバーで感じた、「戦争には、勝者、敗者はない。犠牲者だけがいる」ということは、これからも伝えていかなければと思っています。

これまで宇佐航空隊に関わった30数年の歩みを振り返ると、本当に多くの方々のお世話になりました。その時々の思い出を書かせてもらったのですが、今振り返るとまだまだ記していない多くの方々が思い出されます。

昨年の闘病を機に、これまでの歩みを書いてみようと始めたのですが遅々として進まず、梓書院の前田司さん、高取里衣さんには本当にお世話になりました。お2人からの励ましがなかったら、とても最後まで続かなかったと思います。また、田口憲明さん、松寿敬さんには、貴重な示唆をいただきました。豊の国宇佐市塾のメンバーを始め、多くの方々のお手数をおかけしているのですが、書ききれません。一人一人の名前はあげませんが、本当にありがとうございました。

この本が、戦争を知らない子ども第1世代からの便りとして、第2世代、第3世代の方々に読んでもらい、戦争と平和について考えるご縁になってくれたらと願っています。

参考文献他

〈参考文献〉

『雲の墓標』阿川弘之著（新潮文庫　一九五六年）
『青春不滅　故若麻績隆の追想』
若麻績八重子著（若麻績隆遺稿刊行会　一九六五年）
『柳ヶ浦町史付録』
中野幡能編（柳ヶ浦町史刊行会　一九七〇年）
『大分の空襲』大分の空襲を記録する会（一九七五年）
『畑田空襲の記録』是恒義人著（一九八〇年）
『大分県殉国の遺影』
大分県遺族会連合会（一九七六年）
『蒼空の器』豊田穣著（光人社　一九七八年）
『海軍航空隊年表』
海空会日本海軍航空外史刊行会（原書房　一九八二年）
『ほるぷ平和漫画シリーズ3　疎開っ子数え唄』
巴里夫作画（ほるぷ出版　一九八三年）
『私兵特攻―宇垣纏長官と最後の隊員たち』
松下竜一著（新潮社　一九八五年）
『新・蒼空の器』豊田穣著（光人社　一九八〇年）
『宇佐航空隊の世界Ⅰ～Ⅴ』
豊の国宇佐市塾（一九九一年～二〇一二年）
『開聞岳を後にして』
堀之内三夫編（堵南社　一九九三年）
『日経「あすへの話題」随筆集　語り部』
鈴木英夫著（一九九四年）
『たった一人の30年戦争』
小野田寛郎著（東京新聞出版局　一九九五年）
『えん体ごうののこるまち　小学校低学年用』
平和読本編集委員会（一九九六年）
『えん体ごうの残るまち　小学校高学年用』
平和読本編集委員会（一九九六年）
『掩体壕の残るまち　中学校用』

平和読本編集委員会（一九九六年）
『桜花　極限の特攻機』
内藤初穂著（中公文庫　一九九九年）
『別府なるみ創業者　高岸源太郎傳』
矢島嗣久著（二〇〇〇年）
『蒼天の悲曲』須崎勝彌著（光人社　二〇〇〇年）
『指揮官たちの特攻』
城山三郎著（新潮社　二〇〇一年）
『宇佐海軍航空隊』酒井俊明編（二〇〇二年）
『カミカゼの真実』須崎勝彌著（光人社　二〇〇四年）
『宇佐海軍航空隊始末記』
今戸公徳著（光人社　二〇〇五年）
『おおいたの戦争遺跡』
神戸輝夫編（大分県文化財保存協議会　二〇〇五年）
『遥かなる宇佐海軍航空隊』
今戸公徳著（元就出版社　二〇〇六年）
『軍事遺産を歩く』
竹内正浩著（ちくま文庫　二〇〇六年）
『ペンを剣に代えて―特攻学徒兵海軍少尉大石政則日記』
大石政隆編（西日本新聞　二〇〇七年）
『神雷部隊始末記』加藤浩著（学研　二〇〇九年）
『特攻』寺田晶著（致知出版社　二〇一〇年）
『宇佐の戦争遺跡　宇佐海軍航空隊』
豊の国宇佐市塾編（二〇一一年）
『宇佐学マンガシリーズ④　宇佐海軍航空隊史』
大分県宇佐市編（梓書院　二〇一五年）
『新・宇佐ふるさとの歴史』
大分県宇佐市（二〇一五年）

〈写真提供〉
豊の国宇佐市塾
藤原耕氏
織田祐輔氏

宇佐海軍航空隊のおもな出来事

年号	月日	出来事
昭和 14 年（1939）	10 月 1 日	宇佐海軍航空隊が練習航空隊として開隊（隊員数約 800 名）
昭和 16 年（1941）	10 月 7 日	航空母艦「翔鶴」、「瑞鶴」の艦上攻撃機が宇佐基地で訓練開始
〃	12 月 8 日	☆ハワイ真珠湾攻撃により、太平洋戦争がはじまる
昭和 18 年（1943）	7 月 9 日	一般の人や学徒の勤労奉仕隊により、無蓋掩体壕づくりが始まる
昭和 19 年（1944）	2 月 15 日	柳ヶ浦駅から航空隊までの引込線完成
〃	8 月	有蓋掩体壕づくりが始まる
昭和 20 年（1945）	2 月 11 日	宮崎赤江基地より 721 部隊（神雷部隊）の桜花第 3 分隊が宇佐に来る
〃	2 月 16 日	宇佐海軍航空隊で 110 名の特攻訓練が発令される
〃	2 月 24 日	駅館川東岸台地で、司令部等が入る防空壕の建設工事を始める
〃	3 月 1 日	宇佐海軍航空隊が練習航空隊から実戦部隊となる
〃	3 月 18 日	宇佐海軍航空隊がアメリカ軍機（グラマン、コルセア戦闘機など）による最初の空襲を受ける 出撃態勢にあった神雷部隊の一式陸上攻撃機 18 機が被害を受ける
〃	4 月 1 日	宇佐海軍航空隊の保有機 157 機、隊員の定数 2,486 名 ☆アメリカ軍が沖縄本島に上陸
〃	4 月 2 日	神風特別攻撃隊の第 1 次八幡護皇隊が、串良基地などに進出 以降 8 次まで編成されて進出する
〃	4 月 6 日	神風特別攻撃隊第 1 八幡護皇隊（艦爆隊、艦攻隊）が沖縄に特攻出撃 以後 5 月 4 日までの特攻出撃で、82 機、154 名が特攻戦死
〃	4 月 20 日	出撃前の野村茂上飛曹が長洲国民学校のピアノで、「トロイメライ」などを弾く（4 月 28 日、鹿屋基地から出撃戦死）
〃	4 月 21 日	アメリカ軍重爆撃機（B-29）による空襲で航空隊は壊滅的被害を受ける 住民の死者多数、軍関係の死者は約 320 名 三州国民学校（現、柳ヶ浦小学校）、柳ヶ浦高等女学校（現、柳ヶ浦高等学校）などが炎上。以降、4 月 26 日、5 月 7・10 日、8 月 8 日にもアメリカ軍重爆撃機による空襲を受ける
〃	5 月 5 日	宇佐海軍航空隊解隊。西海海軍航空隊宇佐基地となる（残存機 26 機）
〃	5 月 7 日	八面山上空にて、山口県小月基地の陸軍機がアメリカ軍機（B-29）に体当たり攻撃をして撃墜。捕虜 2 名を宇佐基地に連行
〃	8 月 6 日	☆広島に原子爆弾が投下される
〃	8 月 8 日	空襲により、航空隊周辺の畑田、江須賀地区などに大きな被害
〃	8 月 9 日	☆長崎に原子爆弾が投下される
〃	8 月 15 日	☆終戦
〃		終戦時の宇佐基地保有機　零戦 24 機、天山艦攻 26 機、99 艦爆 7 機、彗星艦爆 3 機、97 艦攻 4 機、93 式中間練習機 67 機、一式陸攻 3 機その他 4 機　　計 138 機 宇佐基地総員数　6,090 名

☆は日本のおもな出来事

豊の国宇佐市塾のあゆみと関連行事等

年号	月日	出 来 事
昭和 60 年（1985）	4 月	大分県「豊の国づくり塾宇佐塾」開塾（研修は 2 年間）
昭和 62 年（1987）	5 月	「豊の国づくり塾宇佐塾」卒塾
〃	9 月 29 日	「豊の国宇佐市塾」開塾　活動テーマは「宇佐細見」
昭和 63 年（1988）	3 月 26 日	地域づくりシンポジウム「宇佐細見・人物編」開催 宇佐市ゆかりの人物 5 人を取り上げる　作家 横光利一、横綱 双葉山、漫画家 麻生豊、水路技術者 南一郎平、作曲家 清瀬保二
〃	10 月 30 日	「横光利一の世界」開催及び『宇佐細見読本①・横光利一の世界』発刊
平成元年（1989）	7 月	宇佐航空隊の上空よりの写真発見（国土地理院より）
〃	11 月 11 日	「双葉山の世界」開催及び『宇佐細見読本②・双葉山の世界』発刊
平成 3 年（1991）	2 月 2 日	「宇佐航空隊の世界Ⅰ」開催、記念講演、作家　阿川弘之氏 『宇佐細見読本③・宇佐航空隊の世界Ⅰ』発刊
〃	11 月 30 日	「麻生豊の世界」開催及び『宇佐細見読本④・麻生豊の世界』発刊
平成 4 年（1992）	6 月 22 日	宇佐航空隊隊門 1 基をスーパー工事中に嶌田久生塾生が発見
〃	11 月 3 日	宇佐市塾「大分合同新聞文化賞」を受賞
〃	11 月 21 日	「宇佐航空隊の世界Ⅱ」開催、『宇佐細見読本⑤・宇佐航空隊の世界Ⅱ』『宇佐細見読本⑥・宇佐航空隊の世界Ⅲ』発刊 記念講演、シナリオライター　須崎勝彌氏
平成 5 年（1993）	7 月 24 日	演劇「忘れ得ぬトロイメライ」と映画「月光の夏」を上演、益金を宇佐市に寄贈
〃	10 月 30 日	横光利一の「文学碑」を光岡城跡に市民からの募金で建立、除幕
〃	11 月 12 日	宇佐市が「宇佐航空隊史跡等保存事業基金条例」を制定
平成 6 年（1994）	3 月 5 日	「南一郎平の世界」開催及び『宇佐細見読本⑦・南一郎平の世界』発刊
平成 7 年（1995）	3 月 28 日	掩体壕 1 基（城井 1 号掩体壕）が宇佐市史跡（文化財）に指定される
〃	4 月 1 日	清瀬保二の曲の流れる「音の調べ通り」完成
〃	4 月 15 日	「宇佐航空隊の世界Ⅲ」開催　記念講演、元兼松社長　鈴木英夫氏 劇団「うさ戯小屋」が「忘れ得ぬトロイメライ」を上演
〃	7 月 14 日	朗読劇「この子たちの夏」開催（宇佐市 PTA と共催）

平成７年 (1995)	８月１日	平和副読本編集委員会より『えん体ごうの残るまち』出版 小学校低学年、高学年、中学生用の３種類発行。平成８年度 宇佐市教育委員会で採用
平成８年 (1996)	８月18日	韓国慶州市へ交流研修訪問
〃	９月８日	「宇佐航空隊の世界資料展」開催（会場・小倉そごう）
平成９年 (1997)	３月29日	「清瀬保二の世界」開催及び『宇佐細見読本⑧・清瀬保二の世界』発刊
平成10年 (1998)	３月	城井１号掩体壕が史跡公園として整備される
〃	３月14日	「宇佐航空隊の世界Ⅳ」開催、記念講演、元建設省事務次官藤井治芳氏 『宇佐細見読本⑨・宇佐航空隊の世界Ⅳ』発刊
〃	11月21日	大分県「一村一品功績賞」受賞
平成11年 (1999)	２月27日	宇佐市民図書館オープン
〃	８月21日	横光利一生誕100年記念「横光利一の世界Ⅱ」開催 記念講演、作家・城山三郎氏、第１回「横光利一俳句大会」開催 森敦文学碑除幕（教覚寺）
〃	12月３日	横綱双葉山の展示施設「双葉の里」が市内下庄にオープン
平成13年 (2001)	４月16日	城山三郎氏宇佐航空隊の取材（指揮官たちの特攻）に協力
平成14年 (2002)	２月８日	横光利一作『上海』の舞台・中国上海にて文学散歩を行う
〃	３月	宇佐両院ガイドブック『宇佐百景・あいうえおいで』発刊
平成15年 (2003)	３月15日	「横光利一の世界Ⅲ」開催、『宇佐細見読本⑩横光利一の世界Ⅱ』発刊 記念講演、作家・清水基吉氏、元近畿大学教授・井上謙氏 宇佐市塾15周年の集い（教覚寺）
平成16年 (2004)	10月21日	小野田寛郎氏講演会開催（小野田自然塾と共催）
平成17年 (2005)	５月22日	第１回「宇佐航空隊平和ウォーク」開催
〃	８月15日	第１回「平和のともしび」を開催
平成21年 (2009)	３月	宇佐の戦争遺跡「宇佐海軍航空隊」の発行
平成22年 (2010)	３月	四日市地区ガイドブック『四日市を歩く』発行
平成23年 (2011)	６月19日	湯野川守正氏（桜花分隊長）来市

平成25年（2013）	3月2日	開塾25周年シンポジュウム「宇佐細見　ー現代人物編・百花繚乱」 「宇佐市に住んでみて」講師　日本経済新聞編集委員工藤憲雄氏
〃	3月29日	落下傘整備所、半地下式コンクリート造構造物などが宇佐市の指定史跡に
〃	6月29日	「宇佐市平和資料館」が市内閣にオープン
平成26年（2014）	2月9日	爆弾池発掘（２回目は３月８日）
〃	6月28日	豊の国づくり塾塾生大会（リバーサイドホテル宇佐）
平成27年（2015）	1月31日	鹿児島研修、知覧、鹿屋等
〃	3月7日	ガンカメラ映像発表 (以後毎年発表を続ける)
〃	3月18日	日米友好の木　ハナミズキ植樹式（城井１号掩体壕）
〃	9月25日	TBSから「桜花」の原寸大模型もらう
平成28年（2016）	2月19日	「第６回地域再生大賞優秀賞」を受賞
〃	6月17日	ウサノピアにてパシフィック・ショーケースのジャズ演奏会を開催
〃	7月3日	湘南城山三郎の会との交流会
平成29年（2017）	3月4日	佐世保・大刀洗研修旅行
〃	4月21日	戦争遺構めぐり拠点施設「宇佐空の郷」が市内江須賀に開館
平成30年（2018）	2月17日	開塾30周年記念「未来のおとなたちへのメッセージ」開催 講師　TBSプロデューサー佐古忠彦氏、作家井上紀子氏
〃	8月28日	宇佐市、兵庫県加西市、姫路市、鹿児島鹿屋市で協議会設立
〃	9月26日	ハワイ、太平洋航空博物館パールハーバー訪問
令和元年（2019）	5月4日	福岡県築上町で紫電改が撃墜された映像を公開（於築上町）
令和2年（2020）	9月5日	「終戦75年特別講演会」開催　講師　大和ミュージアム館長戸高一成氏
令和3年（2021）	1月19日	南一郎平没後100年、広瀬井路通水150年記念式典
〃	11月26日	宇佐市の広瀬井路、平田井路が世界かんがい施設遺産に登録決まる

【著　者】

平田 崇英（ひらた そうえい）

昭和 23 年 12 月 7 日　宇佐市生
昭和 46 年 3 月　龍谷大学文学部仏教学科卒業
昭和 47 年 8 月　財団法人教徳保育園勤務
昭和 53 年 5 月　財団法人教徳保育園園長
昭和 54 年 8 月　保父（現在の保育士）資格取得
　　大分県男性 1 号
昭和 62 年 9 月　地域づくり団体　豊の国宇佐市塾塾生代表
平成元年 3 月　財団法人教徳保育園退職
平成元年 4 月　浄土真宗本願寺派教覚寺副住職
平成 2 年 3 月　宇佐市教育委員三期（平成 14 年任期満了）
平成 11 年 6 月　浄土真宗本願寺派教覚寺住職
平成 15 年 4 月　行政相談委員三期（平成 21 年 3 月退任）

掩体壕を残すまちから
―宇佐海軍航空隊を訪ねて―

令和五年三月十日　初版発行

著　者　平田崇英
発行者　田村志朗
発行所　㈱梓書院
福岡市博多区千代三―二―一
電話〇九二―六四三―七〇七五

印刷・製本／大同印刷株式会社

ISBN978-4-87035-762-4